Modellraketen

Modellraketen

- aus automatisierungstechnischer Sicht -

Chr. Truöl

Die Deutsche Bibliothek

Truöl, Christoph

Modellraketen – aus automatisierungstechnischer Sicht

Norderstedt, 2006
ISBN–10: 3-8334-5470-9
ISBN–13: 978-3-8334-5470-7

Herstellung und Verlag: Books on Demand GmbH, Norderstedt

ISBN–10: 3-8334-5470-9
ISBN–13: 978-3-8334-5470-7

Inhaltsverzeichnis

Vorwort

Dieses Papier entstand aus dem Wunsch heraus, mit einer Modellrakete etwas mehr zu machen, als sie senkrecht nach oben fliegen zu lassen. Der Autor hatte bis zu dem Zeitpunkt, in dem er sich einen T1-Bausatz kaufte, nur peripher mit der Raketentechnik zu tun. Das trifft auch auf seine Diskussionspartner zu, die aber die gleiche Ausbildung am gleichen Institut für Automatisierungstechnik an der TU Dresden genossen hatten.

Mit diesem Papier soll versucht werden, eine handhabbare Menge an Gedanken (und Gesetzmäßigkeiten) zusammenzustellen, die es erlauben, Modellraketen allgemein und aus der Sicht der Automatisierungstechnik zu verstehen.

Gleichzeitig möchte der Autor für den deutschen Leserkreis eine Einführung in die grundlegenden physikalischen Zusammenhänge (soweit sie für den Amateur hilfreich sind) anbieten, da die Vielzahl von Publikationen leider nur in Englisch verfügbar ist.

Kapitel 1 gibt einen kurzen Überblick darüber, mit welchen grundlegenden physikalischen Gesetzmäßigkeiten es der Leser zu tun bekommt, wenn er sich mit Modellraketen befasst. Teile der Gesetzmäßigkeiten können bei Lesern mit Raketenerfahrungen aus dem T1-Bereich als bekannt angenommen werden.

Kapitel 2 der vorliegenden Arbeit widmet sich den einfacheren und fassbaren Vorgängen, wie sie der Leser tagtäglich, z.B. während einer Fahrt mit dem Auto, wahrnehmen kann. Für die gradlinige beschleunigte (translatorische) Bewegung werden Lösungen mit und ohne Luftwiderstand, in geschlossener und numerischer Form dargestellt.

Kapitel 3 beschreibt den Entwurf statisch stabiler Raketen. Dazu werden die bekannten Formeln von J. Barrowman sowie Formeln zur Bestimmung von Schwerpunkten und Volumina spezieller Körper angegeben.

Das sich anschließende Kapitel 4 liefert einige Bemerkungen zu den aerodynamischen Grundlagen. Der Autor versucht damit, für die folgenden Kapitel praktische

Einschränkungen und Grenzen zu definieren. So werden Näherungsformeln für spezielle Flügelformen angegeben, die speziell für den Unterschallbereich gelten.

Kapitel 5 stellt die wesentlichen Rotationsbewegungen einer Rakete dar. Auch hier werden Grundsteine für die folgenden Kapitel gelegt. Vereinfachend wird angenommen, dass eine Rotation um die Längsachse fast nicht vorhanden ist. Damit können Neigungs- und Gierbewegungen vereinfacht behandelt werden.

Kapitel 6 bildet den eigentlichen Kern dieser Arbeit. Hier soll die Modellrakete als automatisierungstechnisches Objekt betrachtet werde. Es wird der Versuch unternommen, Vorschläge für eine Lageregelung zu erarbeiten. In einem ersten Schritt soll die Rollbewegung unterdrückt werden. Daran anschließend, wird die Möglichkeit erörtert, die Rakete bewusste Neigungs- bzw. Gierbewegungen ausführen zu lassen.

Das abschließende Kapitel 7 sollte verschiedene Experimente und die dabei gesammelten Erfahrungen des Autors darstellen. Anhand der gesammelten Messkurven sollten die entwickelten Modelle überprüft werden. Leider erwies sich der zur Verfügung stehende Zeitrahmen als zu gering, um dieses Papier, ein entsprechendes Simulationsprogramm und die notwendigen praktischen Experimente durchzuführen. Der Autor hat sich deshalb entschlossen, diese theoretischen Betrachtungen vorab ohne die praktische Überprüfung zu veröffentlichen. Sobald praktische Ergebnisse vorliegen, werden diese veröffentlicht.

Wenn versierte Raketenbauer einmal geregelte Projekte in Angriff nehmen, dann kann dieses Papier ein Ausgangspunkt sein. Unabhängig davon hofft der Autor, ein paar Ideen zu eigenen Experimenten gegeben zu haben. Im Text sind Behauptungen, die eine Basis für mögliche Experimente darstellen können, mittels einer Hand gekennzeichnet.

Bedanken möchte sich der Autor bei all denen, die ihn bei der Erstellung dieses Papiers unterstützt und sicher unter den teilweise nervenden Fragen gelitten haben:

B.M., C.R.-T., E.M., J.B., K.T., O.A., R.R. und W.-R.M.

Formelzeichen

A	Fläche (A_{ref} - Bezugsfläche mit Basis der Spitze, A_F - Flügelfläche) oder Auftrieb (in Bewegungsgleichung)
c_A	Auftriebsbeiwert
C_D	Dämpfungsmoment (in Bewegungsgleichung)
C_M	Moment der Gesamtrakete (in Bewegungsgleichung)
c_r	Flügellänge an der Basis
C_R	Moment der Flosse (in Bewegungsgleichung)
c_t	Flügellänge an der Spitze
c_W	Luftwiderstandsbeiwert
d	Durchmesser (d_0 - Referenzdurchmesser)
F_x	Kraft (G-Gewicht, S-Schub, W-Luftwiderstand, A-Auftrieb)
G	Gewicht (in Bewegungsgleichung)
g	Fallbeschleunigung
I_{CG}	Trägheitsmoment bezüglich des Schwerpunktes ($I_{CG}=I_X=I_Y$)
I_Z	Trägheitsmoment bezüglich der Längsachse
L	Körperlänge
m	Masse (m_0 - Startmasse; m_b - Masse bei Brennschluss)
M_x, M_y, M_z	Drehmoment bezüglich der X-Achse, Y-Achse, Z-Achse
N	Anzahl der Flügel (3 oder 4)
R	Auftrieb der Flossen (in Bewegungsgleichung)
r	Radius (r_i - innen, r_o - außen)
Re	Reynoldszahl
$\Re$	Die Flügelstreckung ist $\dfrac{2S^2}{A_F}$. Sie wird für Raketen (schlanker Körper) bis maximal 3 angenommen. In Publikationen über Flugzeuge werden die Flügel paarweise angesetzt:

$$\frac{2S^2}{A_F} = \frac{2\left(\dfrac{S_{Flugzeug}}{2}\right)^2}{\dfrac{A_{Flugzeug}}{2}} = \frac{S_{Flugzeug}^{\;2}}{A_{Flugzeug}} \quad \text{mit } A_{Flugzeug} = 2A_F \text{ und } S_{Flugzeug} = 2S$$

S	Flügelbreite oder Schub (in Bewegungsgleichung)
t	Zeit (t_b - Zeit bis Brennschluss, t_c - Zeit des Freifluges)
V	Bewegungsvektor (in Bewegungsgleichung)
W	Luftwiderstand (in Bewegungsgleichung)
X	Lage des Druckpunktes bezüglich der Raketenlänge
x", a	Beschleunigung
x, s	allgemein: Wegkoordinate; speziell: Gierachse (x_0 - Startpunkt)
x', v	Geschwindigkeit (v_0 - Anfangsgeschwindigkeit, v_b - Geschwindigkeit bei Brennschluss, v_∞ - Geschwindigkeit der freien Anströmung)
X_{DP}	Position des Druckpunktes (gemessen von der Spitze)
x_s	Schwerpunkt eines Körpers
X_{SP}	Position des Schwerpunktes (gemessen von der Spitze)
Y	Lage des Druckpunktes bezüglich der Längsachse der Rakete
y	Wegkoordinate; speziell: Neigungsachse
z, h	Koordinate Höhe (h_b - Höhe bei Brennschluss, h_c - Strecke des Freifluges)
α	Anströmungswinkel
β	Flossenanstellungswinkel
γ	Bahnrichtungswinkel
η	kinematische Viskosität
λ	Flügellängenverhältnis $\dfrac{c_t}{c_r}$
ρ	Dichte
ϑ	Kurswinkel
$\omega_X, \omega_Y, \omega_Z$	Drehgeschwindigkeit bezüglich der X-Achse, Y-Achse, Z-Achse

1 Einleitung

Für die Beschreibung der Bewegung von Körpern gelten die Newtonschen Axiome (Trägheitsprinzip, Beschleunigungsprinzip und Wechselwirkungsprinzip). Eine Modellrakete kann sich diesen Gesetzen nicht entziehen.

Jeder, der sich mit überschlägigen Berechnungen zur Bewegung und zur Stabilität einer Modellrakete beschäftigt hat, hat zwangsweise auf die Formeln des Beschleunigungsprinzips (Bewegung) bzw. des Trägheitsprinzips (Stabilität) zurückgegriffen. Die im vorstehenden Satz durchgeführte Trennung der beiden Prinzipien kann bei genauer Betrachtung der Zusammenhänge nicht durchgehalten werden.

Auf vielen Seiten im Internet kann man die Anwendung der Formeln nachlesen.

1. Für eine überschlägige Ermittlung der Flughöhe wird der Luftwiderstand aus der Betrachtung ausgeschlossen. Mit der Formel

$$s(t) = \frac{a}{2}t^2 + v_0 t + s_0 \qquad\qquad (1\text{-}1)$$

kann die Flugbewegung in zwei Abschnitte zerlegt werden. Während der Brennphase rechnet man mit einer mittleren Beschleunigung, die sich aus der Motorleistung und der Masse der Rakete ergibt. Nach Brennschluss reduziert sich die Formel. Ausgangspunkt ist die Geschwindigkeit bei Brennschluss.

2. Eine genauere Berechnung der Flughöhe wird möglich, wenn der Luftwiderstand berücksichtigt wird. Das beim Flug herrschende Kräftegleichgewicht beschreibt die folgende Gleichung:

$$ma = F_S - F_G - F_W \qquad\qquad (1\text{-}2)$$

Die Lösung ist nun nicht mehr ganz so einfach wie in der überschlägigen Lösung, da hier der Luftwiderstand F_W von der Geschwindigkeit abhängig ist. Der Schub F_S und das Gewicht F_G sind nicht von der Geschwindigkeit abhängig, so dass eine Differentialgleichung 2. Ordnung gelöst werden muss. Für die numerische Lösung dieser Differentialgleichung gibt es verschiedene Möglichkeiten.

3. Um die Rakete nicht gleich beim ersten Start zu verlieren, versucht man vorher zu bestimmen, ob die Rakete statisch stabil bzw. kaliberstabil[1] ist. Dazu bedient man sich in der Regel des Schattenmusterverfahrens [Stine] oder man nutzt den Formelapparat nach Barrowman [Bar66][Bar67]. Beide Verfahren bestimmen mehr oder weniger genau die auf den Raketenkörper während des Flugs wirkenden Kräfte. Da diese Kräfte nicht in einem Punkt angreifen, erzeugen sie verschiedene Momente. Nur wenn die Momente in einem bestimmten Verhältnis zueinander stehen, kann von einem stabilen Flug ausgegangen werden.

Die obigen Newtonschen Axiome bilden die Grundlage. Aber einen wesentlichen Einfluss auf den Flug hat auch die Aerodynamik. Sie beschreibt die Phänomene, die bei der Bewegung eines Körpers in einem Medium, im Medium selbst und an der Oberfläche des Körpers auftreten. Für die Modellierung dieser Vorgänge nutzt man die Strömungsgleichung von Bernoulli. Mit der Hilfe der Aerodynamik können Aussagen über die verschiedenen Kräfte, die während der Bewegung auftreten, gemacht werden (Auftrieb, Reibungswiderstände usw.).

Nicht unerwähnt bleiben soll die Chemie, da mit ihrer Hilfe die Modellraketen mit der notwendigen Schubkraft versorgt werden können. Hier spielt sie aber keine Rolle, da auf kommerzielle Motoren mit definierter Schubkurve zurückgegriffen werden kann. Mittels

---

[1]Was genau unter einem stabilen Flug der Rakete verstanden werden kann oder soll, ist noch zu klären. Für die kurze Einleitung möge diese Formulierung genügen.

der Schubkurve sind die für die Lösung der Bewegungsgleichung notwendigen Informationen gegeben.

Das folgende Kapitel wendet sich nun den geradlinigen Bewegungsvorgängen zu.

2   Translatorische Bewegung

Überschlägige Berechnung

Wie oben angedeutet, lässt sich die Bewegung der Rakete bei Vernachlässigung des Luftwiderstandes in zwei Abschnitte teilen. In der ersten Phase erfolgt die Beschleunigung mit der Schubkraft des Raketenmotors.

$$ma = F_S - F_G \qquad\qquad (2\text{-}1)$$

Die Gewichtskraft der Rakete wirkt dem Schub entgegen. Da i.d.R. davon ausgegangen werden kann, dass das Treibstoffgewicht des Motors, das in der Beschleunigungsphase verbrannt wird, klein im Vergleich zum Raketengewicht ist, kann man die Startmasse m als konstant betrachten. Da der Luftwiderstand vernachlässigt wird, kompensiert die größere Masse die sowieso zu hoch berechnete Flughöhe etwas. Wer Wert auf die erreichte Geschwindigkeit bei Brennschluss legt, sollte mit einer mittleren Masse der Rakete rechnen. Diese ergibt sich aus der Startmasse der Rakete abzüglich der Hälfte der Masse der Treibladung. Die mittlere Beschleunigung ergibt sich dann als:

$$a = \frac{F_S - F_G}{m} = \frac{F_S}{m} - g \qquad\qquad (2\text{-}2)$$

Die Fallbeschleunigung **g** kann bei der Berechnung nach (2-2) mit 10 N/m² angenommen werden.

Mit der mittleren Beschleunigung lässt sich nun mit der Gleichung (1-1) die Höhe nach Brennschluss ermitteln (*v_0=0*, *s_0=0*). Für *t* wird die Brenndauer des Motors eingesetzt.

$$x(t) = \frac{a}{2} t^2 \qquad\qquad (2\text{-}3)$$

Die Integration von (1-1) über die Zeit führt zu:

$$v(t) = at + v_0 \qquad\qquad (2\text{-}4)$$

Für die erste Phase gilt $v_0 = 0$, so dass die Geschwindigkeit bei Brennschluss v_B das Produkt aus mittlerer Beschleunigung und Brenndauer ist. Konkrete Berechnungsbeispiele zeigt die folgende Tabelle:

Motor	Brenndauer [s]	mittlere Beschleunigung bei 100g	Geschwindigkeit bei Brennschluss
A8	0,5	$a = \dfrac{F}{m} = \dfrac{8N}{0,1kg}$ $= \dfrac{8\dfrac{kg\,m}{s^2}}{0,1kg} = 80\dfrac{m}{s^2}$	$v = at$ $= 40\dfrac{m}{s}$
B4	1,2	$40\dfrac{m}{s^2}$	$48\dfrac{m}{s}$
C6	1,8	$60\dfrac{m}{s^2}$	$108\dfrac{m}{s}$
D7	1,4	$70\dfrac{m}{s^2}$	$98\dfrac{m}{s}$

Tab. 2.1   Maximal erreichbare Höhen und Geschwindigkeiten einer 100g Rakete, geflogen mit kommerziellen T1-Motoren

Für die Freiflugphase gilt $v_0 = v_B$, die Bewegung wird durch die Schwerkraft in Form der Fallbeschleunigung **g** gebremst:

$$v(t) = -gt + v_B = 0. \qquad\qquad (2\text{-}5)$$

Beim Erreichen der maximalen Flughöhe wird die vertikale Bewegung beendet, die Geschwindigkeit ist 0. Somit kann die Flugdauer der zweiten Phase durch (2-5) ermittelt werden. Den in dieser Phase zurückgelegten Weg erhält man durch Einsetzen der bekannten Werte in (1-1).

Berücksichtigung des Luftwiderstandes

Eine genauere Berechnung der während des Fluges durch das Modell zurückgelegten Strecke wird durch die Beachtung des Luftwiderstandes erreicht. Nach (1-2) kann die Gleichung wie folgt präzisiert werden:

$$x'' = \frac{F_s - c_W A \dfrac{\rho (x')^2}{2}}{m} - g \qquad (2\text{-}6)$$

Bei einer konkreten Realisierung in einem Programm ist zu beachten, dass die Schubkraft und die Masse von der Zeit abhängig sind. Sollen große Flughöhen beachtet werden, so ist die Dichte von der Höhe und der in dieser Höhe herrschenden Temperatur abhängig.

Mit $k_1 = \dfrac{-c_W A \rho}{2m}$ und $k_2 = \dfrac{F_s}{m} - g$ lässt sich (2-6) umformen zu

$$x'' = k_1 (x')^2 + k_2 \qquad (2\text{-}7)$$

Diese einfach aussehende Gleichung lässt sich leider algebraisch nicht in geschlossener Form lösen, d.h. es gibt keine allgemein gütige Lösung der Form $x(t) = f(t)$. Eine Lösung ist nur wieder in Abschnitten oder numerisch möglich.

Um diese Differentialgleichung zweiter Ordnung zu lösen, wird sie in ein Differentialgleichungssystem erster Ordnung überführt. Dazu ersetzt man $x' = z_2$ und $x = z_1$.

$$z_2' = k_1 z_2^2 + k_2 \qquad (2\text{-}8.1)$$

$$z_1' = z_2 \qquad (2\text{-}8.2)$$

Die beiden Differentialgleichungen lassen sich nun lösen, indem über die Zeit integriert wird.

$$\int \partial z_2 = \int (k_1 * z_2^2 + k_2)\, \partial t \qquad\qquad (2\text{-}9.1)$$

$$\int \partial z_1 = \int z_2\, \partial t \qquad\qquad (2\text{-}9.2)$$

Nutzt man einen PC zur Lösung des Gleichungssystems, muss man die Gleichungen zunächst aus dem kontinuierlichen in ein diskontinuierlichen Zeitsystem überführen. Dazu ist die Integration über einen Zeitabschnitt Δt durchzuführen. Die Lösungen der Gleichung sind dann immer nur zu diskreten Zeitpunkten bekannt. Für die Praxis ist dies nicht von Bedeutung, da der Zeitabschnitt beliebig klein gewählt werden kann. Die Lösung zum Zeitpunkt t_{n+1} besteht aus Lösung zum Zeitpunkt t_n und dem Anstieg der Ableitung multipliziert mit dem Zeitabschnitt Δt. Für die einzelnen Zeitpunkte gilt $t_{n+1} = t_n + \Delta t$. Aus (2.8-1) wird dann $z_{n+1} = z_n + \Delta t * f(z,t)$.

Als numerisches Verfahren zur Lösung der Differentialgleichung kann z.B. das Verfahren nach Runge und Kutta (2-10) genutzt werden.

$$k_1 = f(t_n, z[n]) \qquad\qquad (2\text{-}10)$$

$$k_2 = f(t_n + \Delta \frac{1}{2}t, z[n] + \frac{1}{2}k_1)$$

$$k_3 = f(t_n + \Delta \frac{1}{2}t, z[n] + \frac{1}{2}k_2)$$

$$k_4 = f(t_n + \Delta t, z[n] + k_3)$$

$$z[n+1] = z[n] + \Delta t(k_1 + 2k_2 + 2k_3 + k_4)$$

Bei der iterativen Berechnung kann mittels einer Fehlerabschätzung (2-11) die Schrittweite (Δt) nötigenfalls verringert werden.

$$\varepsilon = \frac{(k_2 - k_3)}{(k_1 - k_2)} \qquad\qquad \textbf{\textit{(2-11)}}$$

Mit der Wahl von ε wird Einfluss auf die Rechengenauigkeit und auf die benötigte Rechenzeit genommen. Bei der momentan verfügbaren Rechentechnik müssen aber auch bei hohen Anforderungen an die Genauigkeit keine längeren Rechenzeiten in Kauf genommen werden. Dies liegt insbesondere in der kurzen Flugdauer der Modellraketen begründet.

Die Lösung von (2.8-1) nach dem Verfahren von Runge-Kutta (2-10) liefert zu den gegebenen Zeitpunkten die jeweilige Geschwindigkeit, die multipliziert mit der Schrittweite den im betreffenden Zeitintervall zurückgelegten Weg ergibt. Eine mögliche rudimentäre Implementierung für die Lösung der Bewegungsgleichung ist nachstehend angegeben.

```c
// -------------------------------------------
// v' = f(t,v(k))
// -------------------------------------------
double v_dot (double t, double v) {
   return (thrust(t)- wind_rest(v)) /        mass(t) - $g;
}
// -------------------------------------------
// Runge Kutta
// Y(k+1) = Y(k) + h * f(t,y(k))
// -------------------------------------------
BOOL rk(double t, double yk, double h,
         double* yk_plus_1, double* eps) {
   double k1 = h*v_dot(t,yk);
   double k2 = h* v_dot (t+h/2,yk+k1/2);
   double k3 = h* v_dot (t+h/2,yk+k2/2);
   double k4 = h* v_dot (t+h,yk+k3);
   *eps = fabs((k2-k3)/(k1-k2));
   if ( *eps >= $epsilon )
     return FALSE;
   *yk_plus_1 = yk + (k1+2*k2+2*k3+k4)/6;
   return TRUE;
}
// -------------------------------------------
// calulation of flight
// -------------------------------------------
int calc_flight(void) {
   double h = 0;
   int    steps = 0;
   double delta_t = $delta_t;
```

```
   double epsilon     = 0;
   double v_current = 0, a_current = 0;
   double s_current = 0, t_current = 0;
   do {
      steps = $i_Steps;
next_attemp1:
      h = delta_t / steps;
      double t = t_current;
      double v = v_current;
      double s = 0;
      for (int i=0; i<steps; i++, t+=h) {
         if (!rk(t, v, h, &v, &epsilon)) {
            steps *= 2;
            if (steps< $i_MaxSteps)
               goto next_attemp1;
            else
               break;
         }
         s += h*v;
      }
      t_current += delta_t;
      s_current+= s;
      v_current = v;
      a_current = v_dot(t, v);
   } while (steps<$i_MaxSteps);
   ...
}
```

Bei der Implementierung des Algorithmus sollten aber zwei weitere Flugphasen beachtet werden. Der erste Abschnitt ist die Startphase, bei der der Schub zwar schon vorhanden ist, aber noch nicht ausreicht, um die Rakete zu bewegen. Nutzt man die Gleichung (2-6), würde die Rakete in die Startrampe sinken. Da dies mechanisch nicht möglich ist, muss die Gleichung für diesen Zeitabschnitt abgewandelt werden. Nach dem Erreichen des Gipfelpunktes und dem Ausstoß des Fallschirms lässt sich eine weitere Phase betrachten. Mit dem Auswurf des Fallschirms ändert sich der c_W-Wert, gegebenenfalls auch mehrfach, wenn Auswurfzeitgeber und/oder Vorfallschirm zum Einsatz kommen.

Fehskens-Malewicki

Wird die im vorstehenden Abschnitt aufgestellte DGL wie bei der überschlägigen Methode in zwei Abschnitte zerlegt (Schub- und Freiflugphase), so lassen sich unter Nutzung der jeweiligen Randbedingungen geschlossene Lösungen für Geschwindigkeit, Dauer und

Höhe finden. Diese Lösung ist nach den beiden Personen benannt, die diesen Weg unabhängig voneinander entwickelt haben: Fehskens und Malewicki.

Die Gleichungen (2-12) bis (2-15) geben die Lösung für eine einstufige Rakete an. Die Methode lässt sich aber auch leicht auf mehrstufige Raketen anwenden. Bei der Lösung der Bewegungsgleichung werden die unteren Grenzen des Integrals um die Brennschlussgeschwindigkeit der jeweils vorherigen Stufe ergänzt. Die Masse ist die jeweils für den jeweiligen Bewegungsabschnitt gültige Durchschnittsmasse.

Geschwindigkeit bei Brennschluss
$$v_b = \sqrt{\frac{F - mg}{k}} \, \tanh\left(\frac{t_b}{m} \sqrt{k(F - mg)} \right) \qquad \text{(2-12)}$$

Höhe bei Brennschluss
$$h_b = \frac{m}{k} \ln\left(\cosh\left(\frac{t_b}{m} \sqrt{k(F - mg)} \right) \right) \qquad \text{(2-13)}$$

Freiflughöhe
$$h_c = \frac{m_b}{2k} \ln\left(\frac{k v_b^2}{m_b g} + 1 \right) \qquad \text{(2-14)}$$

Freiflugzeit
$$t_c = \sqrt{\frac{m_b}{gk}} \, \tan^{-1}\left(v_b \sqrt{\frac{k}{g m_b}} \right) \qquad \text{(2-15)}$$

In den Formeln (2-12) bis (2-15) gelten: $k = \dfrac{\rho\, c_w A}{2}$, A - Frontfläche, F - Durchschnittsschub, m - Durchschnittsmasse während der Schubphase, m_b - Masse ohne Treibstoff. Im Anhang werden einige Brennschlussgeschwindigkeiten für ausgewählte Schub/Masse/Durchmesser-Kombinationen angegeben.

In der nachstehenden Tabelle 2.2 sind die Ergebnisse aller drei Methoden zum Vergleich aufgeführt. Als Grundlage diente eine **Tiny Pterodactyl** der Firma „Public Missiles Ltd.". Die Rakete wiegt mit Treibsatz 750g. Der eingesetzte G64-Motor brennt zwei Sekunden.

	Überschlag	Fehskens-Malewicki	DGL[2]
Höhe bei Brennschluss	172,6	169,6	165,7
Geschw. bei Brennschluss	165,2	149,3	114,1
Gesamtflugdauer	18,9	10,5	9,9
Gesamtflughöhe	1563,8	623,9	531,2

Tab. 2.2   Vergleich der Methoden zur Berechnung der Flughöhe

Beim Praxistest wurde durch die Anwesenden geschätzt, dass die 531 Meter durch das Modell nicht erreicht wurden. Warum die Berechnung mittels des aufgezeigten Formelapparates zu keiner exakten Lösung führt, liegt in einer Vielzahl von Faktoren, die hier unberücksichtigt blieben, begründet:

- Betrachtung der ein- statt der dreidimensionalen Bewegung (Annahme einer senkrechten Flugbahn)
- Vernachlässigung des Seitenwinds,
- Approximation der Schubkurve,
- Rotation um die eigene Längsachse,
- Schätzung des c_w-Werts,
- Vernachlässigung des Zusammenhangs zwischen Temperatur, Luftdruck, Dichte der Luft und Höhe der Rakete.

Bewegung im Schall- oder Überschallbereich

In [Bar73] werden einige Hinweise gegeben, mit welchen Schwierigkeiten man zu rechnen hat, wenn sich die Fluggeschwindigkeit der Schallgeschwindigkeit nähert oder größer wird. An dieser Stelle sei nur erwähnt, dass der Luftwiderstand dann nicht mehr nur quadratisch von der Geschwindigkeit abhängt, sondern Potenzen von drei und höher auftreten.

---

[2] ohne Berücksichtigung der Trägheitsmomente

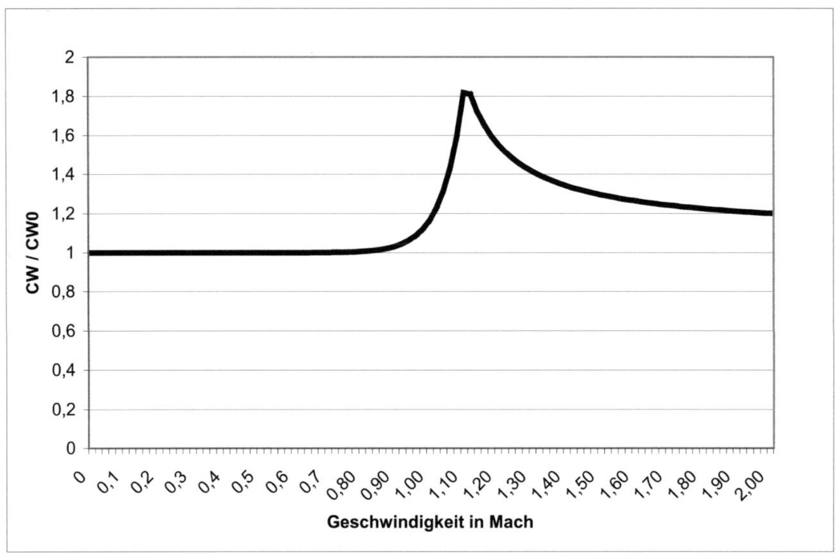

Abb. 2.1   Anstieg des Luftwiderstandes beim Erreichen der Schallgeschwindigkeit

In [ManBen] wird an einem Beispiel die Veränderung eines Widerstandsbeiwertes in Abhängigkeit von der Mach-Zahl angegeben (Abb. 2.1). Bis zu einer Geschwindigkeit von 0,9M bleibt dessen Wert etwa erhalten. Bis zur Geschwindigkeit von 1,1M steigt er expotentiell auf den 1,8-fachen Wert, um danach wieder auf den 1,2-fachen Wert bei einer Geschwindigkeit von etwa 1,6M langsam abzufallen.

In [AroNad] wird gezeigt, dass mit größer werdender Flügelstreckung die Spitze beim Erreichen der Schallgeschwindigkeit immer ausgeprägter wird. Bei einer Flügelstreckung von 2 vervierfacht sich der Widerstandsbeiwert, bei einer Flügelstreckung von 6 (Es handelt sich nicht mehr um Raketen!) liegt die Spitze beim Elffachen.

3 Stabilität von Modellraketen

Wie in der Einleitung bereits erwähnt wurde, werden bei Modellraketen im Wesentlichen zwei Verfahren zur Bestimmung der Stabilität angegeben. Diese beiden Verfahren sollen in diesem Abschnitt kurz dargestellt werden, ohne das hier vertiefend die Frage nach dem Begriff Stabilität behandelt wird.

Grundlegend für beide Verfahren ist, dass die Lage des Massenschwerpunkts und die Lage des Druckpunkts ermittelt werden. Aus der Lage der beiden Punkte zueinander, wird geschlossen, ob die Rakete sich während des Fluges mehr oder weniger stabil verhalten wird.

$$Caliber = \frac{X_{DP} - X_{SP}}{d} \tag{3-1}$$

$$\text{mit} \qquad 1 < Caliber < 5 \tag{3.2}$$

Damit (3-2) erfüllt wird, muss der Schwerpunkt deutlich vor dem Druckpunkt liegen, d.h. die rückstellende Kraft, die am Heck der Rakete wirkt, muss größer sein, als die Kraft, die am Kopf der Rakete die störende Auslenkung (weg von der gewünschten Flugbahn) erzeugt. Nach (3-1) kann aus dem Abstand beider Punkte ein Maß für die Stabilität (*Kaliberstabilität*) bestimmt werden[3].

Der Schwerpunkt kann einfach mittels eines Experiments bestimmt werden. Das gilt nicht für den Druckpunkt. Die Bestimmung erfolgt mittels Rechnung.

---

[3] Die angegebene Gleichung bezieht sich auf den Abstand der beiden Punkte zur Raketenspitze.

Schwerpunktbestimmung

Obwohl die Bestimmung des Schwerpunktes auch mittels Experiment hinreichend genau möglich ist, soll hier dessen Berechnung angegeben werden, da das Verfahren dem der Bestimmung des Druckpunktes entspricht und man die zugrunde liegenden Gesetze leicht nachvollziehen kann.

Die Abschätzung des Massenschwerpunktes basiert auf der Ermittlung der Trägheitsmomente der einzelnen Komponenten. Theoretisch ist es denkbar, die Bestimmung des Schwerpunktes als *Raumpunkt* durchzuführen. Die Berechnung für Modellraketen geht in der Regel von rotationssymmetrischen Objekten aus, so dass der Schwerpunkt dann auf der Rotationsachse liegen muss. Gleichung (3-1) besagt, dass alle Massen mit ihrem Abstand zu einem Bezugspunkt multipliziert werden und dann durch die Gesamtmasse geteilt werden.

$$X_{SP} = \frac{\sum m_i * x_i}{\sum m_i} \tag{3.3}$$

Der Abstand x_i bezieht sich immer auf den Massenschwerpunkt des Teilkörpers der Rakete. Die folgenden Tabellen 3.1 und 3.2 nennen die wichtigsten Körper sowie die dazugehörigen Massenschwerpunkte. Vorausgesetzt wird jeweils, dass es sich um homogene Körper mit einer konstanten Dichteverteilung handelt. Bezugspunkt ist jeweils die Unterkante des Körpers. Für die Flügelgeometrien wird eine konstante Stärke *d* angenommen.

Körper		Volumen	Schwerpunkt
Kegel	voll	$V = \pi\, r^2 h/3$	$x_s = 0.25\,h$
	hohl	$V \approx \pi(r_o^2 - r_i^2)\, h/3$	$x_s = 0.33\,h$
Weitere Spitzen $y = R\left(\dfrac{x}{L}\right)^n$	voll		$x_s = 0.66\,h$ mit n=0.5 $x_s = 0.7\,h$ mit n=0.75
	hohl		$x_s = 0.6\,h$ mit n=0.5 $x_s = 0.64\,h$ mit n=0.75
$y = R\sqrt[n]{1-\left(\dfrac{x}{L}\right)^n}$	voll		$x_s = 0.67\,h$ mit n=1.5 $x_s = 0.62\,h$ mit n=2
	hohl		$x_s = 0.61\,h$ mit n=1.5 $x_s = 0.57\,h$ mit n=2
Kegelstumpf	voll	$V = \pi(r_1^2 + r_1 r_2 + r_2^2)\, h/3$ $V \approx \pi(r_1 + r_2)^2 h/4$	$x_s = \dfrac{h}{4}\dfrac{3r1_1^2 + 2r_1 r_2 + r_2^2}{r_1^2 + r_1 r_2 + r_2^2}$
	hohl	$V = \pi d(r_1 + r_2 - d)h$ Wandstärke d	
Zylinder	voll	$V = \pi\, r^2 h$	$x_s = 0.5\,h$
	hohl	$V = \pi(r_o^2 - r_i^2)h$	

Tab. 3.1   Volumina und Massenschwerpunkte

Schattenmusterverfahren

Der Ort des Massenschwerpunktes bildet den Punkt, in dem alle Kräfte auf die Modellrakete einwirken. Stellt man sich eine Rakete vor, die von vorn leicht schräg angeströmt wird, so erkennt man schnell, dass am Kopf und am Heck jeweils entgegengesetzte Kräfte wirken. Gelingt es, die Rakete so zu konstruieren, dass die angreifenden Kräfte am Heck größer sind als die angreifenden Kräfte am Kopf, so wird sich die Auslenkung der Rakete verringern. Der Punkt, an dem die kopf- und heckseitigen Kräfte vom Betrag her gleich sind, ist der Druckpunkt. Diesen Effekt nutzt das Schattenmusterverfahren nach G.H. Stine (1958).

Flossenform		Volumen	Schwerpunkt
Viereck		d entspricht hier der Flossenstärke $V = c_r\, s\, d$	$x_s = S/2$
Trapez		$V = sd(c_t + c_r)/2$	$x_s = c_r/2$
Dreieck		$V = c_r\, s\, d/2$	$x_s = c_r/3$
Ellipse		$V = c_r\, s\, d/4$ $f(x) = (2/s)^3 * c_r * x^3$	$x_s = c_r/2$

Tab. 3.2   Volumina und Massenschwerpunkte für Flossen

Mittels einer Schablone, die den Schattenriss der Rakete zeigt, können die Kräfte nachgebildet werden. Da alle Teile der Schablone der gleichen Gravitation ausgesetzt sind, werden Momente um den Massenschwerpunkt der Schablone existieren (Abb. 3.1).

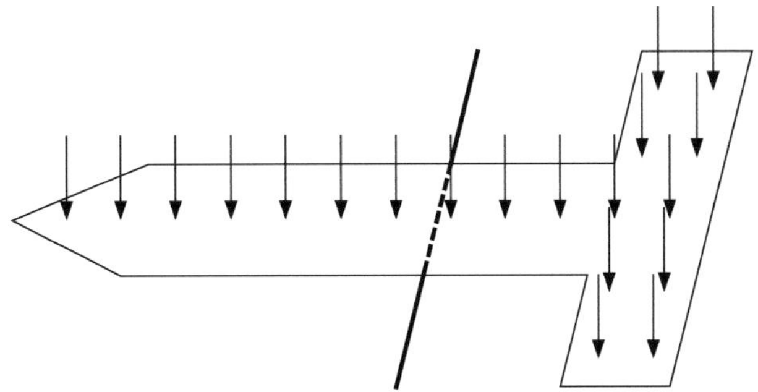

Abb. 3.1   Gleichmäßige Kraftverteilung

Der Massenschwerpunkt der Schablone kann nach der Gleichung (3-3) berechnet werden.

$$X_{DP} = \frac{\sum l_i * A_i}{\sum A_i} \qquad (3-4)$$

Bei der Berechnung ist zu berücksichtigen, dass Flossen nur mit der *wirksamen* Fläche beachtet werden - statt vier Flossen fließen nur zwei in die Rechnung ein. Bei einer Gesamtzahl von nur drei Flossen verringert sich die wirksame Fläche entsprechend dem Kosinus von 30°. Die Längen l_i müssen auf den gleichen Bezugspunkt bezogen werden, d er schon bei der Ermittlung des Massenschwerpunktes benutzt wurde.

O.d.b.A. kann festgehalten werden, dass die mit dieser Methode ermittelten Werte für den Druckpunkt in der Regel immer näher an der Spitze liegen, als das in der Praxis zutrifft. Für die Praxis bedeutet das, dass die Rakete kaliberstabiler ist, als wenn sie nach den Formeln von Barrowman entworfen worden wäre.

Im Anhang findet sich eine komplette Berechnung einer einfachen Rakete nach dem vorstehenden Formelapparat.

Gleichungen nach Barrowman

Die folgenden Ausführungen beziehen sich vornehmlich auf die in [Bar66] angegebenen Formeln. Bei deren Herleitung legt Barrowman die Theorie *Schlanker Körper* der Aerodynamik zugrunde.

Wichtig für die Anwendung der Gleichungen ist es, sich zu vergegenwärtigen, dass die Rahmenbedingungen, die das Modell erfordert, eingehalten werden. Das bedeutet, dass Flossen als flache Platten angenommen werden; sie symmetrisch zur Rotationsachse angeordnet sind. Der gesamte Körper der Rakete sollte rotationssymmetrisch sein[4]. Der Angriffswinkel der Anströmung ist klein, d.h. der Seitenwind ist gering.

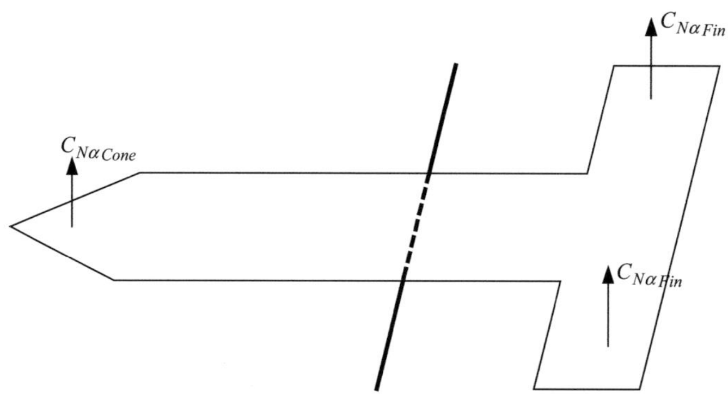

Abb. 3.2   Kraftkoeffizienten der Elemente

Die Kraftkoeffizienten c_N der einzelnen Elemente werden in Bezug auf die Stirnfläche der Rakete ermittelt, d.h. alle Koeffizienten sind normierte Werte.

Der Druckpunkt ergibt sich (wie beim Schwerpunkt) aus der Größe der jeweiligen Kraftkoeffizienten und dem zugehörigen Hebelarm geteilt durch die Summe aller:

---

[4] Der Schwerpunkt liegt dann auf der Rotationsachse. Eine Konstruktion, wie die V1, mit einem seitlich angebrachten Strahltriebwerk erfüllt die Forderung nicht.

$$X_{DP} = \frac{\sum x_i * c_{n\alpha i}}{\sum c_{n\alpha i}} \qquad\qquad (3\text{-}5)$$

In den nachstehenden Tabellen 3.4 und 3.5 sind die Formeln aus [Bar66] angegeben. Das potentialtheoretische Modell bezieht sich dabei auf Bewegungen im Unterschallbereich ($C_{N\alpha 0} = 2\pi$).

In [Bar67] erfolgt die Erweiterung auf den Überschallbereich. Es gilt $C_{N\alpha 0} = \dfrac{2\pi}{\beta}$, mit $\beta = \sqrt{M^2 - 1}$ für den Überschallbereich und $\beta = \sqrt{1 - M^2}$ für den Unterschallbereich. In Tabelle 3.3 sind die Abweichungen für bestimmte Geschwindigkeiten als Beispiel aufgeführt.

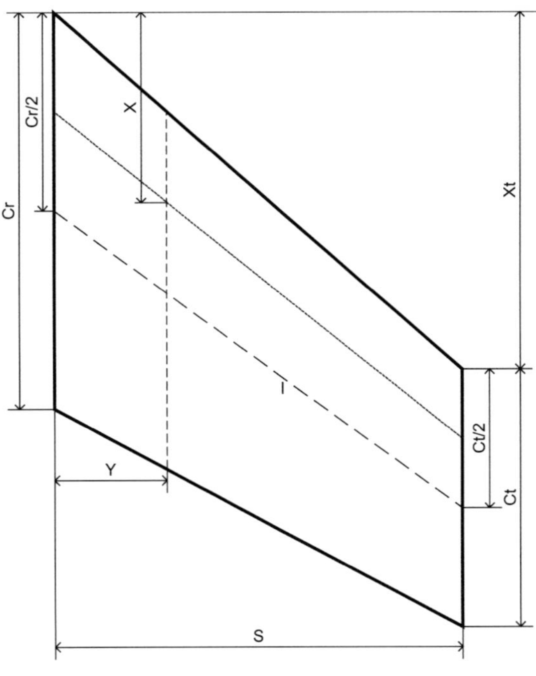

Abb. 3.3   Standardflügelform

v [m/s]	M	$C_{N\alpha0}$ zu klein um
85	0,25	3,2 %
100	0,29	4,5 %
170	0,5	15 %
255	0,75	51 %

Tab. 3.3   Abweichung bei Nichtbeachtung der Geschwindigkeit

Körper	Normierter Auftriebskoeffizient	Druckpunkt
Kegel		$x_{DP} = 0.66h$
Spitzbogen	$C_N = 2$	$x_{DP} = 0.466h$
Parabolspitze		$x_{DP} = 0.5h$
Zylinder	$C_N = 0$	
Schulter / Verjüngung	$C_N = \dfrac{8}{\pi d_0^2}(A_2 - A_1)$ A_1 - Deckfläche A_2 - Bodenfläche	$x_{DP} = \dfrac{h}{3}\left(1 + \dfrac{1}{1 + \dfrac{d_1}{d_2}}\right)$ d_1 - Durchmesser der Deckfläche d_2 - Durchmesser der Bodenfläche

Tab. 3.4   Normierte Auftriebskoeffizienten und Druckpunkte

	Normierter Auftriebskoeffizient	Druckpunkt
Standardflügel s. Abb. 3. 3	$$C_N = K_T \, \frac{8\left(\dfrac{S}{d}\right)^2}{1+\sqrt{1+\left(\dfrac{2l}{c_r+c_t}\right)^2}}$$ Korrektur der Beeinflussung durch Körperrohr $$K_T = 1 + \frac{r_t}{S + r_t}$$	$$x_{DP} = \frac{\mathrm{x}_t\left(c_r + 2c_t\right)}{3\left(c_r + c_t\right)}$$ $$+ \frac{1}{6}\left(c_r + c_t + \frac{c_r c_t}{c_r + c_t}\right)$$
Achtung! Die angegebene Formel gilt für einen Flügel. Bei drei Flossen z.B. ist der wirksame Anteil an der Gesamtfläche zu bestimmen!		
Ellipse[5] c_r S	$$C_N = \frac{4N\left(\dfrac{S}{d}\right)^2}{1+\sqrt{1+1{,}623\left(\dfrac{S}{c_r}\right)^2}}$$ n - 3 oder 4 Flossen	$$x_{DP} = 0.288\, c_r$$

Tab. 3.5   Kraftkoeffizienten und Druckpunkte

Anmerkungen

Mit den angegebenen Gleichungen können verschiedene Raketengeometrien berechnet werden. Man sollte dabei aber nicht außer Acht lassen, dass die Formeln nur für ein begrenztes Spektrum gelten. Insbesondere kann man nur eingeschränkt brauchbare Ergebnisse erzielen, wenn die Heckflügel einer verwirbelten Strömung ausgesetzt sind. In [NACA1307] werden komplexe Formeln für die Kombinationen für Raketen mit Flügeln

---

[5] Die Formel für die elliptische Flosse wurde einer Veröffentlichung im Internet entnommen. Auf eine Herleitung wurde im Internet verzichtet. Sie ist im Anhang beigefügt.

am Kopf und am Heck angegeben. Für den Amateurbereich scheint der Aufwand, sich mit diesen Formeln auseinander zu setzen, nicht gerechtfertigt.

Bei der Suche nach der optimalen Flügelform und Größe stößt man in der Literatur auf verschiedene Hinweise. In [Stine] wird auf eine optimale Flügelform verwiesen, deren

Abmessungen in der nebenstehenden Abbildung angegeben sind. Neben dem relativ geringen induzierten Luftwiderstand kann diese Form nach Meinung des Autors leicht für den Aufbau einer Flosse mit Klappensteuerung genutzt werden.

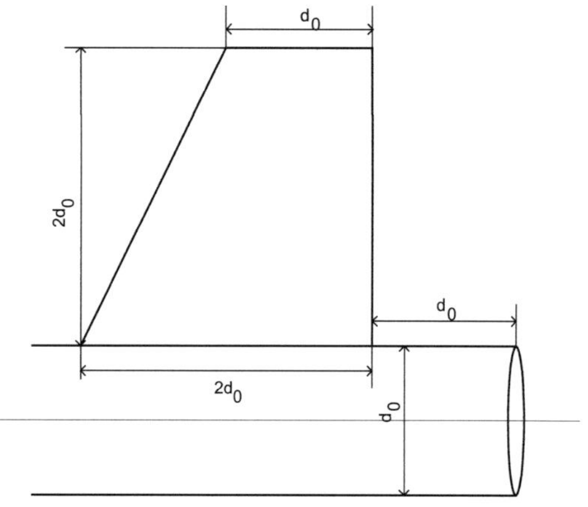

In [Bar67] werden zum Herleiten der Formel (3-54) andere Bedingungen für den Überschallbereich genannt: $\dfrac{2(s + r_0)}{d_0} \approx 4$ .Aus dieser Bedingung ergibt sich: $s = \dfrac{3}{2}d_0$. In [NACA835] werden auf Basis der hergeleiteten Formeln interessante Ausführungen zur Flügelform gemacht:

- Teile mit parallelen Seiten entwickeln keinen Auftrieb und
- der Auftrieb schlanker Flügel hängt nur von der Breite und nicht von der Fläche ab.

Der Auftriebskoeffizient und die Position des Druckpunktes sollen daher hier kurz gegenübergestellt werden. Ausgangspunkt der Betrachtung ist der in [Stine] vorgeschlagene Flügel, wobei erstens c_t auf 0 verkürzt und zweitens x_t halbiert wird.

$c_t = d_0,\ x_t = d_0$	$c_t = 0,\ x_t = d_0$	$c_t = d_0,\ x_t = d_0/2$
$A = 3d_0^2$	$A = 2d_0^2$	$A = 3d_0^2$
$l = d_0\sqrt{\dfrac{17}{4}} = 2{,}06 d_0$	$l = 2d_0$	$l = 2d_0$
$C_N = \dfrac{32 K_T}{1 + \sqrt{1 + \left(\dfrac{4{,}12 d_0}{2 d_0}\right)^2}}$ $K_T = 1 + \dfrac{r_t}{4 r_t + r_t} = 1{,}2$	$C_{NA} = \dfrac{8\left(\dfrac{2 d_0}{d_0}\right)^2 K_T}{1 + \sqrt{1 + \left(\dfrac{4 d_0}{2 d_0}\right)^2}}$	$C_{NB} = \dfrac{8\left(\dfrac{2 d_0}{d_0}\right)^2 K_T}{1 + \sqrt{1 + \left(\dfrac{4 d_0}{2 d_0 + d_0}\right)^2}}$
$C_N = \dfrac{38{,}4}{1 + \sqrt{5{,}24}} = 11{,}67$	$C_{NA} = \dfrac{38{,}4}{1 + \sqrt{5}} = 11{,}86$	$C_{NB} = \dfrac{38{,}4}{1 + \sqrt{2{,}77}} = 14{,}4$
	$\dfrac{C_{NA}}{C_N} \approx 1$	$\dfrac{C_{NB}}{C_N} \approx 1{,}23$
$x_{DP} = \dfrac{19}{18} d_0 \approx d_0$	$x_{DP} = \dfrac{2}{3} d_0$	$x_{DP} = \dfrac{5}{6} d_0$

Vergleicht man die Ergebnisse nach Barrowman, dann sieht man, dass bei Variante A mit einem Drittel der Flügelfläche der gleiche Auftrieb erzeugt wird. Wenn auch geringste Massen gespart werden sollen, könnte man diese Flügelform versuchen.

Variante B erzeugt mit gleicher Flügelfläche einen um 20% größeren Auftrieb. Die Rückstellkraft bei Schräganströmung wird damit höher und die Rakete wird sich daher schneller in den Wind drehen[6].

---

[6] Die Schlussfolgerungen wurden nur aus den Formeln abgeleitet. Der Nachweis der Effekte in der Praxis ist offen.

4   Bemerkungen zu den aerodynamischen Grundlagen

Die im vorangegangen Abschnitt darstellten Gleichungen, die zum Ermitteln der statischen Stabilität eingesetzt werden, hat Barrowman anhand der Theorie der schlanken Körper (Slender body) hergeleitet. Neben dieser Theorie existieren weitere Modellbildungen (Thin Wing, Vortex-lattice).

Alle diese Modellbildungen besitzen verschiedene Vor- und Nachteile. Da hier aber mehr auf die praktischen Belange eingegangen wird, werden keine weiteren Ausführungen zu den einzelnen Modellen gemacht. Vielmehr finden in diesem Abschnitt einige grundlegende Rahmenbedingungen Beachtung, die Einfluss auf den Entwurf und die Realisierung einer Lageregelung haben.

Die folgenden Darstellungen erlauben dem Leser, die Komplexität der strömungstechnischen Vorgänge zu erahnen. Sie geben ihm auch einen Hinweis, wie sehr die von Barrowman entwickelten Formeln an die von ihm vorausgesetzten Randbedingungen geknüpft sind.

Das Medium Luft, in dem sich die Rakete bewegt, ist von mehreren physikalischen Größen abhängig, die damit einen entscheidenden Einfluss auf die Bewegung der Rakete haben. Um die Komplexität der Vorgänge einzuschränken, wird davon ausgegangen, dass sich die Rakete unterhalb der Schallgeschwindigkeit von 344 m/s bewegt. Weiterhin soll vorausgesetzt werden, dass die zu untersuchende Rakete im Sinne von Barrowman statisch stabil ist. Diese Stabilität ist aber noch kein Garant dafür, dass sich die Rakete während Fluges nicht um ihre eigene Längsachse dreht. Um eine derartige Bewegung zu unterdrücken, muss in geeigneter Weise gegengesteuert werden. Dafür gibt es verschiedene Möglichkeiten. Hier sollen drehbare Flossen bzw. Flossen mit Klappen behandelt werden.

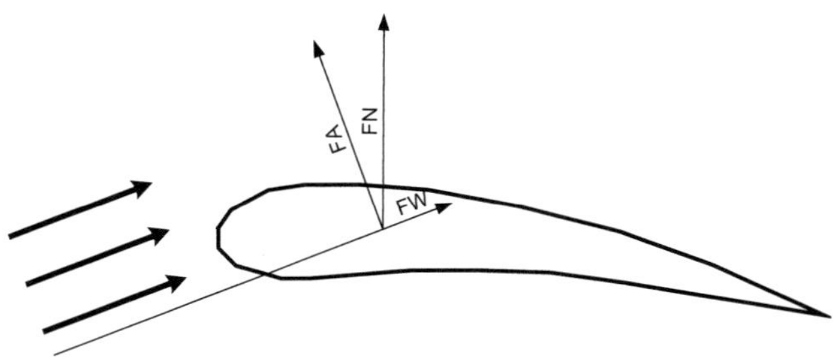

Abb. 4.1 Kräfte am Flügel

In der vorstehenden Abbildung 4.1 sind die am Flügel wirkenden Kräfte stark vereinfacht dargestellt. Die resultierende Kraft F_N setzt sich zusammen aus dem Druckwiderstand F_w und dem am Flügel wirkenden Auftrieb F_A[7]. Beide sind vom dynamischen Druck (Staudruck $p_{dyn} = \frac{1}{2}\rho v^2$) abhängig. Für den Druckwiderstand gilt

$$Fw = \frac{1}{2}\rho v^2 c_W A\,, \qquad (4\text{-}1)$$

wobei A die Flügelfläche ist und der c_W -Wert von der geometrischen Form des angeströmten Körpers abhängt. Für den Auftrieb[8] gilt äquivalent

$$F_A = \frac{1}{2}\rho v^2 c_A A\,, \qquad (4\text{-}2)$$

---

[7] Die beiden Kräfte treten an allen Teilen der Rakete auf. Im Gegensatz zum Auftrieb ist der Druckwiderstand gänzlich unerwünscht.

[8] Die Herleitung kann anhand einer Zirkulation, die einen unendlich breiten Flügel umgibt, über $F_A = \frac{1}{2}\rho v^2 2\pi\alpha A$ erfolgen. Für einen realen Flügel reduziert sich der Auftrieb in Abhängigkeit von der Flügelstreckung: $F_A = \frac{1}{2}\rho v^2 2\pi\alpha A \dfrac{\Re}{2+\Re}$ (siehe [Allen]).

wobei A wieder die Flügelfläche und c_A ein Beiwert für die geometrische Form ist.

Für die folgenden Erläuterungen ist es hilfreich, die verschiedenen Begriffe, die diese Vorgänge beschreiben, einordnen zu können. Die folgenden beiden Abbildungen 4.2 und 4.3 zeigen die verschiedenen Strömungsarten, die an einem Flügel auftreten können. Dabei wird zwischen Bewegungen an der Profiloberfläche und der weiter vom Profil entfernten freien Strömung unterschieden. Die Bewegung in der **Grenzschicht** ist für den Reibwiderstand verantwortlich.

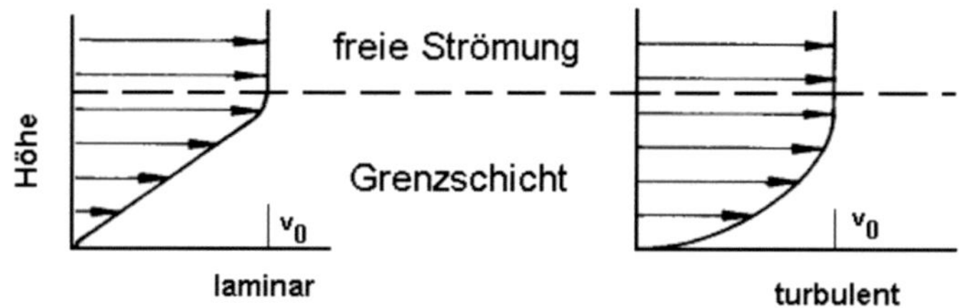

Abb. 4.2   Strömungsarten in der Grenzschicht

Im sogenannten **Staupunkt** teilt sich das anströmende Medium. Je nach Anströmungswinkel und Profilkrümmung können sich die Strömungsgeschwindigkeiten auf Ober- und Unterseite unterscheiden. Im Bereich der **laminaren** Strömung bewegen sich die Teilchen auf parallelen Bahnen. Eine **turbulente** Strömung ist vorhanden, wenn zusätzlich Quer- und Gegenbewegungen auftreten. Wenn die Strömungsgeschwindigkeit stark abnimmt (Ablösepunkt), bewegen sich die Teilchen nicht mehr in Richtung der Hauptströmung, die Strömung ist **abgelöst**. Es kommt zur Verwirbelung des Medienstroms.

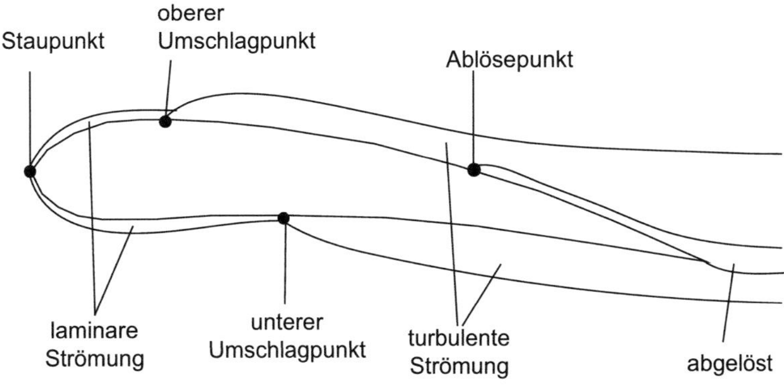

Abb. 4.3   Strömungen am Profil

Da es sich beim Medium Luft um ein kompressibles Medium handelt, kommt der Größe der Strömungsgeschwindigkeit eine besondere Bedeutung zu. Das Verhältnis von Strömungsgeschwindigkeit zu Schallgeschwindigkeit bezeichnet die Machzahl. In [ManBen] wird auf den wichtigen Einfluss der Machzahl eingegangen, alle dort vorgenommenen Betrachtungen und angegebenen Datenreihen beziehen sich auf die nicht komprimierte Strömung. Eine nicht komprimierte Anströmung kann angenommen werden, wenn die Dichte der Luft durch den dynamischen Druck um maximal 5% vergrößert wird:

$\dfrac{\Delta\rho}{\rho_0} < 0.05$. In [ManBen] wird dann mittels $\dfrac{1}{2}M^2 = 0.05$ die maximale Geschwindigkeit

für das strömende Medium mit $\dfrac{v}{v_{Schall}} = 0.316$ angegeben. Fliegt also eine Modellrakete

schneller als 108 m/s, so ist zu beachten, dass es sich nicht mehr um die Bewegung in einem nicht komprimierten Medium handelt. Das hat insbesondere Einfluss auf den Luftwiderstand!

Eine weitere für die sich anschließenden Betrachtungen notwendige Kenngröße ist die Reynoldszahl. Die Reynoldszahl stellt das Verhältnis von Trägheits- zu Zähigkeitskräften dar. Sie ist vom Medium und von der Geschwindigkeit abhängig. Sie hat Einfluss auf die beiden Werte c_A und c_W. Die Definition für die Reynoldszahl lautet:

$$Re = \frac{\rho v L}{\eta}.$$

(4-3)

Dabei ist ρ die Dichte des Medium, v die Strömungsgeschwindigkeit und L die Länge des Objekts. Bei η handelt es sich um die dynamische Viskosität, die wiederum von der Temperatur abhängig ist.

T [°C]	0	10	20	30
Viskosität [µPa*s] 1Pa*s = 1kg/(m*s)	17,1	17,8	18,3	18,7
Dichte der Luft [kg/m³]	1,293	1,247	1,204	1,164

Tab. 4.1   Temperaturabhängigkeit von Viskosität und Dichte der Luft

Anhand der vorstehenden Tabelle 4.1 gewinnt man einen Eindruck von der Temperaturabhängigkeit der beiden Größen. Im angegebenen Temperaturbereich variieren beide Größen um etwa 10%, wobei eine Größe kleiner und die andere Größe größer wird. Die Reynoldszahl wird daher im angegebenen Temperaturbereich um etwa 20% schwanken.

Rechnet man mit Fluggeschwindigkeiten zwischen 50 und 300 m/s, so kann der Bereich für die Reynoldszahl bestimmt werden. Die Werte in der nachstehenden Tabelle 4.2 sind mit 10^6 zu multiplizieren.

v [m/s] L [m]	50	100	150	200	250
0,05	0,167	0,334	0,502	0,669	0,836
0,10	0,334	0,669	1,003	1,338	1,672
0,15	0,502	1,003	1,505	2,007	2,508
0,20	0,669	1,338	2,007	2,676	3,344
0,25	0,836	1,672	2,508	3,344	4,181
0,30	1,003	2,007	3,010	4,013	5,017
0,35	1,171	2,341	3,512	4,682	5,853
0,40	1,338	2,676	4,013	5,351	6,689
0,50	1,672	3,344	5,017	6,689	8,361

Tab. 4.2   Reynoldszahl in Abhängigkeit von der Geschwindigkeit

Für Raketenflossen sind damit im Unterschallflug Reynoldszahlen im Bereich 10^5 und 10^7 möglich. Die durch den Autor realisierten Raketenmodelle liegen im grau unterlegten Bereich (Re $= 10^5$ und $2,5*10^6$).

Mit dieser Information wird es nun möglich, die Werte von c_A und c_W für verschiedene Flügel- / Flossenformen in gewissen Bereichen abzuschätzen. Damit ist dann die Möglichkeit gegeben, die an der Rakete auftretenden Kräfte zu berechnen.

Da die Bestimmung von c_A und c_W erheblichen mathematischen Aufwand verursacht und im Vorfeld umfangreiches Wissen der Aerodynamik voraussetzt, wurde auf das Programm **JavaFoil** von Martin Hepperle zurückgegriffen.

Das Programm arbeitet dialogbasiert und erlaubt das Experimentieren mit verschiedenen Flügelformen. Die Ergebnisse werden graphisch und numerisch angezeigt. Die beiden nachstehenden Abbildungen vermitteln einen Eindruck vom Programm.

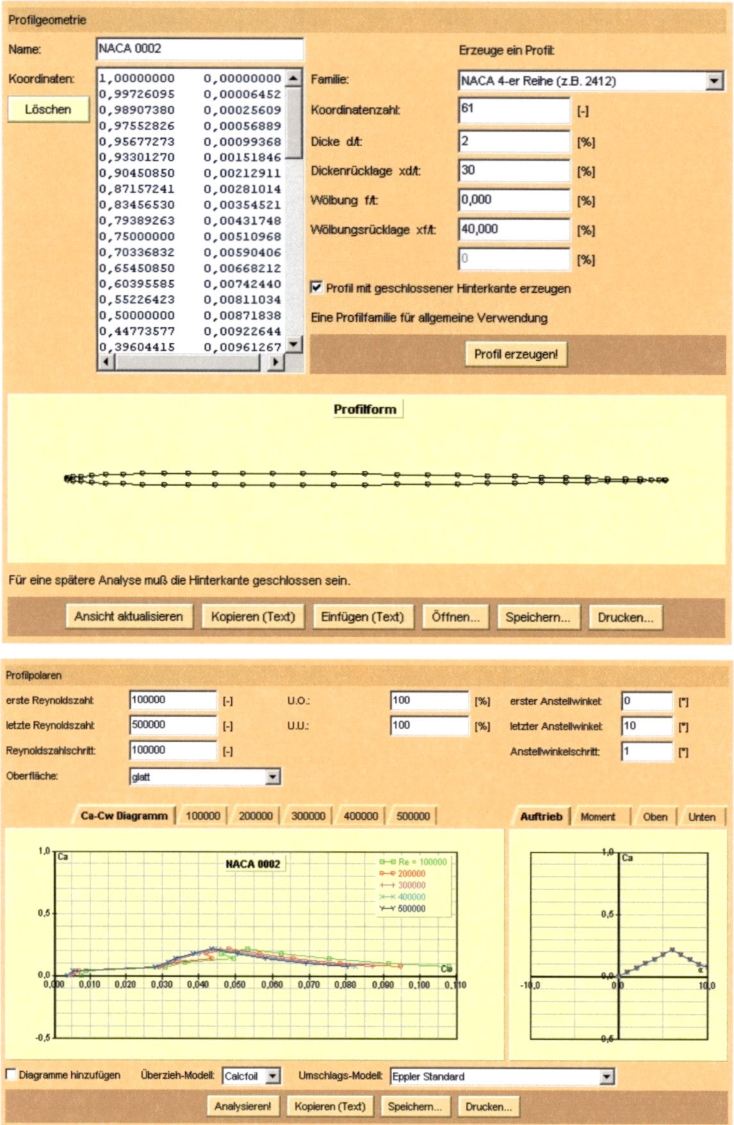

Abb. 4.4   Profilsimulation mit JavaFoil

Unter der Maßgabe der technischen Realisierbarkeit werden drei Flossenformen hier nun genauer betrachtet und die Ergebnisse, die Javafoil liefert, vorgestellt:

- dünne Platte,

- dünner Flügel der NACA 4er Reihe ohne Klappe,

- dünner Flügel der NACA 4er Reihe mit Klappe.

Auftriebskräfte

Dünne Platte

Das nachstehende Diagramm zeigt die c_A -Werte für den Reynoldszahlenbereich von 10^5 und $2,5 * 10^6$. Dabei fällt auf, dass die Kurven nahezu deckungsgleich verlaufen.

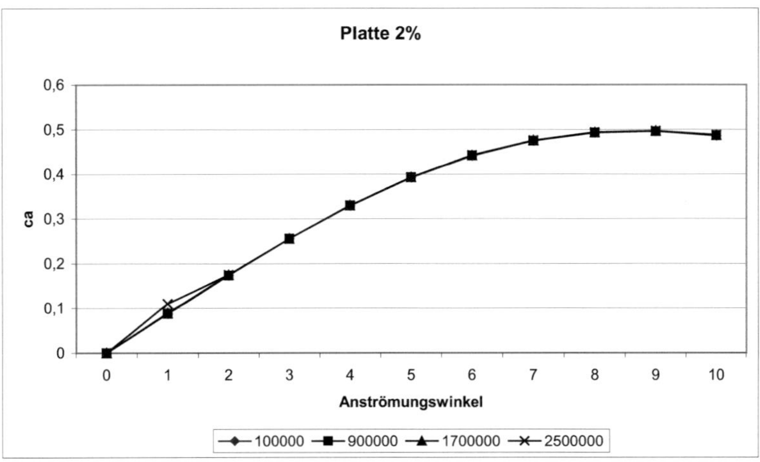

Nachstehende Tabelle 4.3 vergleicht die mittels des Programms **JavaFoil** berechneten c_A-Werte mit den Werten, die über die Formel

$$c_A = \frac{1}{2}\sin(\frac{\alpha}{18}\pi) \qquad\qquad (4\text{-}4)$$

ermittelt wurden.

α [°]	0	2	4	5	6	7	8	9	10
c_A	0,00	0,175	0,330	0,393	0,442	0,476	0,494	0,497	0,487
berechnet	0,00	0,17	0,32	0,38	0,43	0,47	0,49	0,50	0,49

Tab. 4.3   Simulierte Auftriebsbeiwerte für die flache Platte

Die Abweichung liegt in weiten Bereichen in der dritten Stelle nach dem Komma, so dass ein Einsatz der Formel gerechtfertigt erscheint.

Dünner Flügel NACA 0002

Die folgenden beiden Diagramme zeigen die Simulationsergebnisse an einem dünnen Flügel. Auch hier sieht man für den c_A-Wert wieder nahezu deckungsgleiche Kurven im Bereich von 0 bis 6°.

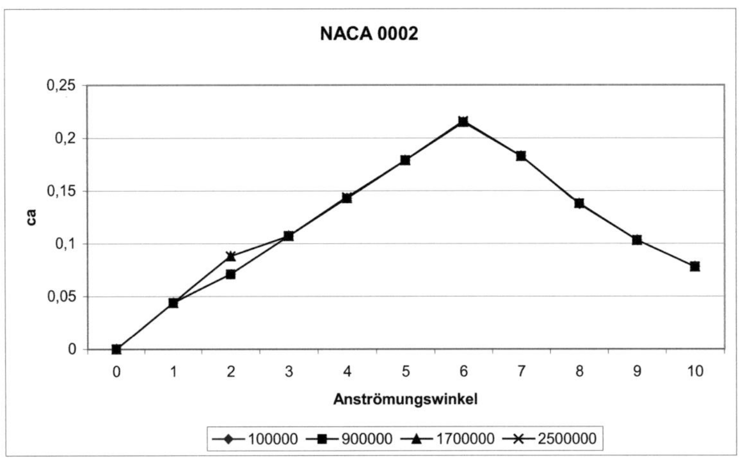

Nachstehende Tabelle 4.4 vergleicht wiederum die mittels des Programms **JavaFoil** berechneten c_A-Werte mit denen, die über die Formel

$$c_A = 0.215\frac{\alpha}{6} \quad \text{mit } 0 < \alpha < 6 \qquad (4\text{-}5)$$

ermittelt wurden.

α [°]	0	1	2	3	4	5	6	7
c_A	0,00	0,044	0,080	0,107	0,143	0,179	0,215	0,183
berechnet	0,00	0,036	0,072	0,108	0,144	0,179	0,215	0,251

Tab. 4.4　　　Simulierte Auftriebsbeiwerte für Profil NACA 0002

Die Abweichung liegt in weiten Bereichen auch in diesem Fall in der dritten Stelle nach dem Komma, so dass ein Einsatz der Formel gerechtfertigt ist.

Dünner Flügel NACA 0002 mit Klappe

Für Flügel mit Klappe sind die Verhältnisse schwieriger zu beschreiben. Die Daten (siehe Tabelle im Anhang B) wurden ebenfalls mit dem Programm **JavaFoil** ermittelt. Die Klappe umfasst das letzte Viertel der Flügellänge. In der Tabelle sind die Werte für die beiden Beiwerte angegeben. Grau unterlegt sind jeweils Werte, die sich wesentlich von den Werten bei anderen Reynoldszahlen und gleicher Klappenanstellung unterscheiden.

Die Ursache für die unterschiedlichen Werte liegt in der veränderten Position des Ablösepunktes begründet. Je eher eine Ablösung der Strömung erfolgt, desto mehr Energie geht in der Bildung von Verwirbelungen verloren. Der c_W-Wert steigt und mit ihm der Druckwiderstand des Profils.

Luftwiderstandskräfte an Flossen

Der Widerstandsbeiwert c_W setzt sich aus mehreren Teilen zusammen, die wiederum mehr oder weniger stark vom Angriffswinkel und von der Geschwindigkeit der Anströmung abhängig sind:

- Formwiderstand

  Spezieller Widerstand in Abhängigkeit von der Körperform
- Induzierter Widerstand

  Der induzierte Luftwiderstand tritt an den äußeren Enden des Körpers auf, da sich hier die unterschiedlich schnell bewegenden Strömungen von Ober- und Unterseite vermischen.

- Widerstand infolge der Rauheit der Oberfläche

- Druckwiderstand

  Druckkraft des anströmenden Mediums

Im vorangegangen Text wurde auf die Bestimmung des Auftriebsbeiwertes und dessen Überführung in eine handhabbare Form eingegangen. Obwohl dies für den Widerstandsbeiwert schwieriger ist, sollte versucht werden, diesen Weg zu gehen. Die Nutzung der Formeln aus [Bar67] und [ManBen] zur Darstellung des Widerstandsbeiwerts in geschlossener Form ist nach Einschätzung des Autors aufgrund der Komplexität wesentlich schwieriger durchzuführen.

Da mit diesen Werten vorrangig die Kräfte an den Drehachsen der bewegbaren Flossen bestimmt werden, reicht eine grobe, nach oben gerundete Abschätzung aus. Die Ergebnisse, die mit dem Programm JavaFoil erzielt werden, können als Anhaltspunkt dienen. Es folgen deshalb die noch ausstehenden Ergebnisse, die JavaFoil bei der Berechnung der zwei Profile ohne Klappe ermittelt hat.

Dünne Platte

Das nebenstehende Diagramm zeigt die c_W -Werte für den Reynoldszahlenbereich von 10^5 und $2,5 * 10^6$. Auch für den c_W - Wert kann man einen nahezu deckungsgleichen Verlauf annehmen, wenn man die Fluggeschwindigkeit nicht zu gering wählt.

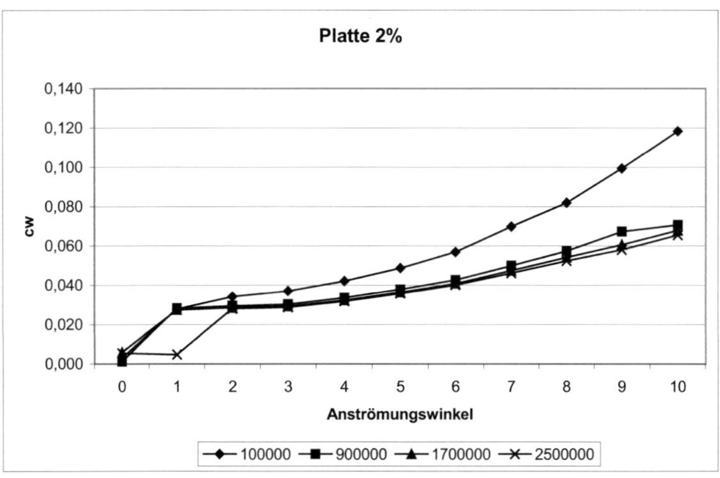

Dünner Flügel NACA 0002

Beim Diagramm für den c_w-Wert erkennt man deutlich, dass sich der Flügel aerodynamisch ähnlich wie eine flache Platte verhält.

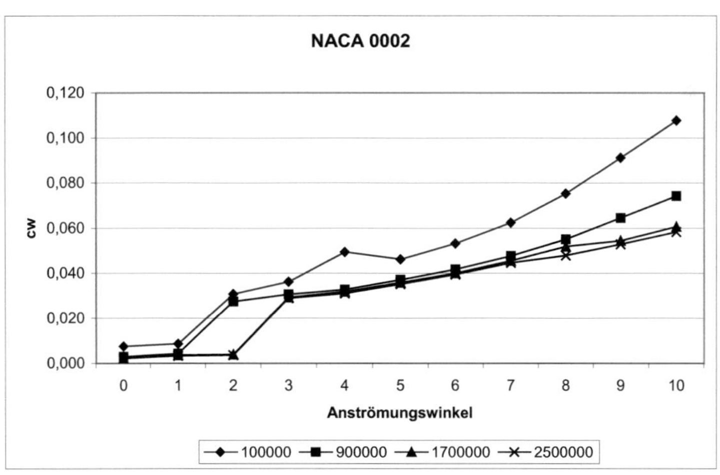

Anmerkung zu praktischen Aspekten

Lageregler mit drehbar gelagerten, starren Flossen sind einfacher zu entwerfen und zu simulieren, da hier der wirksame Angriffswinkel leicht aus der wirklichen Anströmung des

Mediums und dem Anstellwinkel der Flosse ermittelt werden kann. Konstruktiv sind größere Anstrengungen zu unternehmen, da bei höheren Geschwindigkeiten starke Biegekräfte an den Achsen erwartet werden müssen.

Die Entwicklung eines Lagereglers kann weiterhin vereinfacht werden, wenn es gelingt, die Rakete bei ihrem Flug in einem definierten Reynoldszahlenbereich zu halten. Unter Umständen können die Reglerparameter dann für den gesamten Flug beibehalten werden.

Um mit möglichst geringen Bewegungen auszukommen, empfiehlt es sich, Flossengeometrien mit einem hohen Auftrieb zu benutzen. Damit sollten sich auch bei einem relativ kurzen Modellraketenflug mit *normalen* Servos brauchbare Ergebnisse erzielen lassen.

Anmerkungen zu den Simulationsergebnissen

Wichtig ist an dieser Stelle anzumerken, dass die Ergebnisse, die mittels des Programms JavaFoil ermittelt wurden, nur Hinweise geben können! Das Programm JavaFoil wurde nicht für den Entwurf von Raketen ausgelegt. Die Ergebnisse sind aus folgenden Gründen nur eingeschränkt nutzbar:

- Die Flügel von Raketen zeichnen sich durch eine kleine Flügelstreckung aus.
- Die Theorie „Schlanker Körper" setzt sehr dünne Körper voraus.
- Die simulierten Flügel sind keiner verwirbelten Strömung ausgesetzt.

Der Autor nutzt die Ergebnisse dennoch für die Simulation, da

- die Ansätze, die in [NACA1307] dargelegt werden, für den Amateur im Allgemeinen nicht anwendbar sind,
- die steuerbaren Flossen weit im vorderen Teil der Rakete platziert werden und damit eine wirbelfreie Anströmung angenommen werden kann, und
- die Ergebnisse der Simulation auf jeden Fall mit einem realen Versuch überprüft werden müssen.

Einflussfaktoren auf den Luftwiderstand einer Rakete

In vorangegangen Text wurden Ausführungen zum Luftwiderstand für Profile gemacht. Es folgt jetzt eine allgemeine Ergänzung zum Luftwiderstand der gesamten Rakete.

In [ManBen] wird angegeben, dass normale Raketen einen Widerstandsbeiwert von 0,5 bis 0,8 besitzen. Bei schräger Anströmung kann dieser Wert doppelt so groß werden. Eine Optimierung der Rakete erlaubt es, den Widerstandsbeiwert auf Werte von 0,45 bis 0,7 zu senken.

Interessant ist, dass das Vorhandensein einer Startleiteinrichtung etwa ein Drittel des Gesamtwertes des Widerstandsbeiwertes ausmachen kann. Die Oberflächenreibung der Flossen und des Raketenkörpers tragen jeweils auch etwa zu einem Drittel zum Widerstandsbeiwert bei.

	mit Startleiteinrichtung	ohne Startleiteinrichtung
Anteil am Gesamtwert des Widerstandsbeiwertes, verursacht durch Flossen oder Körper	25-30%	35-45%

5   Rotationsbewegungen

Da eine Rakete sich frei im Raum bewegen kann, kann sie aufgrund der auf sie einwirkenden Kräfte auch nichttranslatorische Bewegungen ausführen. In diesem Kapitel sollen die Drehbewegungen um die Längsachse und um den eigenen Schwerpunkt betrachtet werden. Beide Bewegungen werden stark vereinfacht. D.h., die Massenverteilung der Rakete wird so angenommen, dass sie weitestgehend dem mathematischen Modell entspricht. Wirbelbildungen an den Enden der Flossen werden vernachlässigt. Die Beeinflussung der Flossen untereinander spielt keine Rolle. Die Aufzählung dieser Vereinfachungen soll genügen, um auf den Kompromiss, der beim Entwurf des Modells eingegangen wird, hinzuweisen. Dennoch erfordert auch dieses Modell bei der mathematischen Behandlung einen gewissen Aufwand.

In [MesFas] werden für die Lageregelung von Raumfahrzeugen mehrere Regelphasen untersucht: Nutationsbewegung und –dämpfung, Präzessionsbewegung und Zielausrichtung sowie Lagestabilisierung. Aufgrund der Komplexität der Bewegungen der vorgenannten Phasen wird die Beeinflussung dieser Bewegungen nicht Gegenstand dieser Arbeit sein. Unabhängig davon gelten die physikalischen Gesetze, insbesondere der Drehimpulssatz. Ausgehend vom Drallsatz erfolgt die Beschreibung der Rotationsbewegungen für beliebige frei bewegliche Körper mittels der Euler-Gleichungen:

$$M_X = I_X \omega'_X - (I_Y - I_Z)\omega_Y \omega_Z \qquad \text{(5-1.1)}$$

$$M_Y = I_Y \omega'_Y - (I_Z - I_X)\omega_Z \omega_X \qquad \text{(5-1.2)}$$

$$M_Z = I_Z \omega'_Z - (I_X - I_Y)\omega_X \omega_Y \qquad \text{(5-1.3)}$$

Für rotationssymmetrische Körper soll gelten: $I_{CG} = I_X = I_Y$. Das führt zu der in [ManBen] vereinfachten Form der Euler-Gleichungen (5-2) für Modellraketen.

$$M_X = I_{CG}\,\omega'_X - \left(I_{CG} - I_Z\right)\omega_Y\omega_Z \qquad\qquad (5\text{-}2.1)$$

$$M_Y = I_{CG}\,\omega'_Y - \left(I_Z - I_{CG}\right)\omega_Z\omega_X \qquad\qquad (5\text{-}2.2)$$

$$M_Z = I_Z\,\omega'_Z \qquad\qquad (5\text{-}2.3)$$

Man sieht deutlich, dass die Rotation um die Längsachse (Rollen) durch die beiden Rotationsbewegungen um den Schwerpunkt (Gieren und Neigen) nicht beeinflusst wird. Diese Tatsache lässt auf eine einfache Realisierungsmöglichkeit zur Unterdrückung der Rollbewegung schließen.

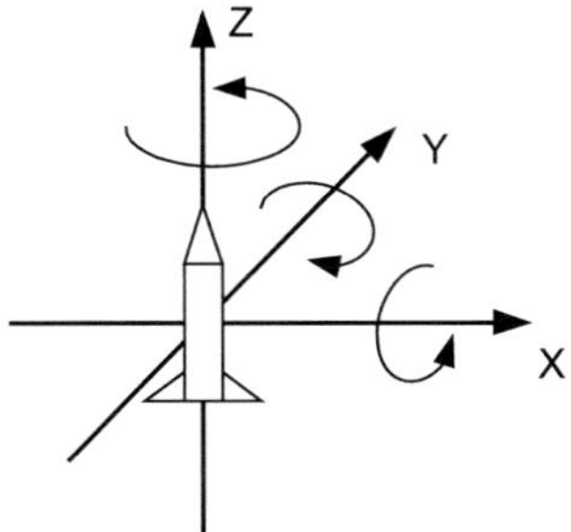

Abb. 5.1   Rotationsbewegungen der Rakete
x: Gierachse, y: Neigungsachse, z: Rollachse

Es bleibt deshalb noch anzumerken, dass die in [ManBen] untersuchte Eigenrotation um die Längsachse hier nicht diskutiert wird, da gerade diese Eigenrotation minimiert werden soll, um z.B. mittels einer Kamera entsprechend gute Flugaufnahmen zu realisieren.

Rotation um die Längsachse

Die folgende Abbildung zeigt die an den Flossen einwirkenden Kräfte, die zu einem aus dem anströmenden Medium (v_0) und zum anderen aus der Eigenrotation φ' resultieren.

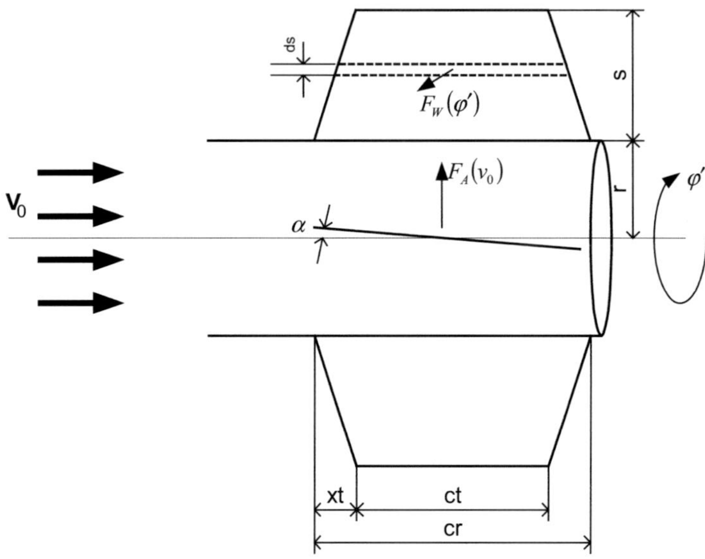

Abb. 5.2   Rotation um die Längsachse der Rakete

Bei der Rotation um die Längsachse kann man das Trägheitsmoment J_L der Rakete näherungsweise als das eines Zylinders annehmen. Eine genauere Bestimmung wird möglich, wenn man die Trägheitsmomente der einzelnen Komponenten summiert oder die Bestimmung experimentell vornimmt. Damit kann für die Rotation um die Längsachse folgende Momentegleichung aufgestellt werden:

$$J_L \varphi'' = n_D F_W(\varphi') s_D - n_S F_A(v_\infty) s_L .$$
(5-3)

n_D und n_S geben die Anzahl der jeweils wirksamen Flossen an. Um bei einer Rakete mit vier Flossen die Rotation um die Längsachse zu unterdrücken, sollten zwei gegenüberliegende Flossen steuerbar sein ($n_D = 4$ und $n_S = 2$). Die Kräfte greifen über die Hebelarme s_D und s_L an. F_W taucht in dieser Momentegleichung nicht auf, da der Druckwiderstand keinen Einfluss auf die Rotation hat, sondern nur die translatorische Bewegung bremst.

Bestimmung der Auftriebskraft

Der Auftrieb hängt direkt von der Strömungsgeschwindigkeit und indirekt über c_A vom Winkel der Anströmung ab. Für spezielle Profile kann die Formel $F_A = c_A \dfrac{\rho v_\infty^2}{2} A_F$ verwendet werden. Die Abhängigkeit von c_A vom Anströmungswinkel muss für das spezielle Profil separat ermittelt werden (siehe vorhergehendes Kapitel).

Bestimmung des Rollmoments

In [Bar67] wird in Gleichung (3-35) ein normierter Koeffizient für das Rollmoment angegeben. Die Normierung erfolgt bezüglich des dynamischen Drucks, der Referenzfläche A_{ref} und der Referenzlänge d_0. Für einen Flügel gilt demzufolge:

$$c_{l\delta} = C_{N\alpha} \frac{\overline{Y}}{d_0}. \tag{5-4}$$

Die Größen $C_{N\alpha}$ und $\overline{Y}$ sind aus [Bar66] bekannt. Die wirkende Kraft kann mittels Multiplikation mit der Referenzfläche und der Referenzlänge bestimmt werden.

Wird statt der flachen Platte ein Profil verwendet, ermittelt man das Rollmoment aus der jeweiligen Auftriebskraft und dem Hebelarm. Die Formeln für die Kräfte wurden oben angegeben. Die Formel $F_L = c_A \dfrac{\rho v_\infty^2}{2} A_F$ gilt nur für unendlich breite Flügel, d.h. das Auftreten des induzierten Widerstands wird ausgeschlossen. Eine Korrektur kann nach [Allen] mittels der Flügelstreckung durch den Faktor $\dfrac{\mathfrak{R}}{2 + \mathfrak{R}}$ erfolgen.

Allgemein gilt im Bezug auf die Rotation um die Längsachse, dass das Moment um so stärker ist, je weiter die Kraft außerhalb der Längsachse angreift. Äquivalent zur Dämpfung kann das Integral über Flügelstreifen gebildet werden. Die dabei errechnete Größe wird in jedem Fall größer sein als der reale Wert, da bei dieser Berechnung der induzierte Widerstand unterschlagen wird.

In [Bar66] wird zur Ortsbestimmung des Druckpunkts in Gleichung (70) die Strecke $Y = \dfrac{S}{3}\dfrac{c_r + 2c_t}{c_r + c_t}$ berechnet. Diese Strecke entspricht dem Hebelarm s_L.

Bestimmung des Dämpfungsmoments

Zur Bestimmung der Dämpfung wird die Flosse in Streifen der Höhe *dh* zerlegt. Der Beitrag dieser Streifen zur Dämpfung wächst mit dem Abstand zur Rotationsachse. Die Anteile der einzelnen Streifen müssen mittels Integration ermittelt werden.

In [Bar67] wird in Gleichung (3-51) ein normierter Koeffizient für das Dämpfungsmoment angegeben; auf dessen umfangreiche Herleitung wird hier verzichtet:

$$c_{l_p} = -\frac{Nc_r S}{6d_0^2}\left[(1+3\lambda)s^2 + 4(1+2\lambda)sr_t + 6(1+\lambda)r_t^2\right]\left(C_{N\alpha 0}\right)_1 \qquad \textbf{(5-5)}$$

Im Gegensatz zu Gleichung (5-4) wird in Gleichung (5-5) der von der Anströmung unabhängige Koeffizient $C_{N\alpha 0}$ genutzt. Das reale Moment wird wieder mittels Multiplikation mit der Referenzfläche und der Referenzlänge bestimmt.

Vereinfachungen der Bewegungsgleichung

Da man nicht an der absoluten Winkelposition φ interessiert ist, wurde in der vorstehenden Gleichung $\varphi' = \omega$ gesetzt. Die Rotation um die eigene Achse kann damit eliminiert werden, und die betreffende DGL sieht einfacher aus.

Das Moment M_D ist abhängig von der Rotationsgeschwindigkeit. Da die Rotationsgeschwindigkeit quadratisch in die Dämpfung eingeht, handelt es sich um ein nicht lineares System. Ein solches nicht lineares System lässt sich von Laien mit der

Theorie nur schwer fassen. Da eine „ordentlich" gebaute Rakete vorausgesetzt wird, kann die zu erwartende Winkelgeschwindigkeit als klein eingeschätzt werden. In solchen Fällen ist eine Linearisierung im Arbeitspunkt möglich $(\omega = \varphi' = 0)$.

Vergleicht man die Geschwindigkeiten ω und v_∞, so wird schnell klar, dass die Anströmung v_∞ etwa um den Faktor 100 größer ist. In der Praxis wird der Anteil der Dämpfung daher nur eine untergeordnete Rolle spielen.

Rotation um den Schwerpunkt

Die Rotation um den Schwerpunkt kann einmal durch eine Anstellung der Flossen und zum Zweiten durch eine schräge Anströmung der Rakete erreicht werden. Die nachstehende Abbildung soll zur Erklärung der Vorgänge dienen.

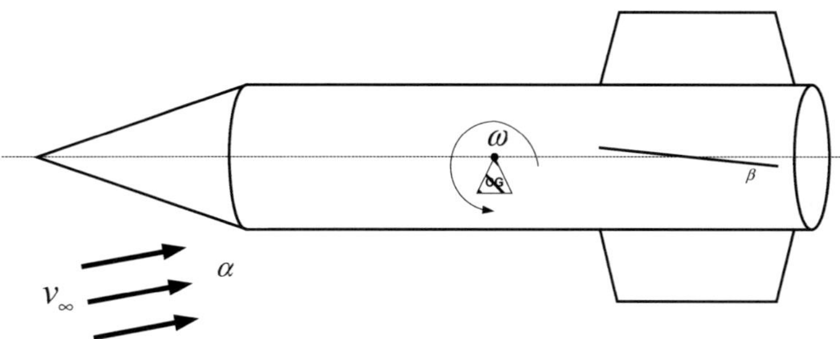

Abb. 5.3   Rotation um den Schwerpunkt der Rakete

Stellt man sich vor, dass die Rakete im Schwerpunkt drehbar gelagert wird, dann wird eine schräge Anströmung der Rakete ($\alpha \neq 0$) oder die Anstellung der Flossen ($\beta \neq 0$) zu einer Drehung der Rakete führen. Da Spitze und Heckflossen unterschiedlich große Auftriebskräfte erzeugen und diese Kräfte mit unterschiedlichen Entfernungen vom Schwerpunkt angreifen, wird ein entsprechendes Drehmoment erzeugt. Das durch die Spitze erzeugte Moment ist dem mittels der Flossen erzeugten Moment entgegengesetzt. Beide Kräfte sind aber proportional zum Anströmungswinkel, solange man die Randbedingungen des Modells von Barrowman nicht verletzt.

Stellt man sich nun vor, dass ein Flossenpaar zusätzlich drehbar gelagert wird, dann ergibt sich der Anströmungswinkel des Flossenpaars aus der Summe des Anströmungswinkels der Rakete und dem Anstellwinkel des Flossenpaars.

Zuerst soll die Momentegleichung für die seitliche Anströmung ($\alpha \neq 0$) angegeben werden. Ausgehend von den Formeln von Barrowman wurde in [LaBudde2] ein entsprechendes Formelsystem angegeben, dessen Herleitung und Begründung man [ManBen] entnehmen kann.

Die in [LaBudde2] angegebene Momentegleichung wurde etwas umgestellt, um die einzelnen Komponenten besser beschreiben zu können:

$$J_{CG}\,\varphi'' = Fl - p_{dyn}\,CMC(\varphi) - p_{dyn}\,DMC\,\frac{\varphi'}{v} - m'_B\,l^2\,\varphi' \qquad \textbf{(5-6)}$$

Auf der linken Seite steht die Änderung der Beschleunigung des Trägheitsmoments J_{CG}. Der erste Term auf der rechten Seite der Gleichung beschreibt die Krafteinwirkung des Motors senkrecht zur Flugrichtung beim Verlassen der Rampe. Der Hebelarm wird durch den Abstand des Motors zum Schwerpunkt der Rakete bestimmt. Diese Komponente ist u.a. bei einmotorigen Raketen auf Unsauberkeiten beim Bau und bei mehrmotorigen Raketen z.B. auf unterschiedliches Abbrandverhalten der Motoren zurückzuführen.

Der letzte Term beschreibt den dämpfenden Einfluss des Ausströmens des abgebrannten Treibstoffs.

Die beiden Terme, die wesentlichen Einfluss auf das Flugverhalten der Rakete haben, sind vom dynamischen Druck des anströmenden Mediums abhängig. In den Publikationen [LaBudde2][ManBen] findet man zwei Koeffizienten **CMC** (Corrective Moment Coefficient) und **DMC** (Damping Moment Coefficient), die letztlich im konstruktiven Aufbau der Rakete begründet sind.

Wie aus dem Namen des Koeffizienten **CMC** hervorgeht, beschreibt er den Einfluss auf die Kurskorrektur bei schräger Anströmung. Er wird gebildet aus dem Produkt des Abstands zwischen Druck und Schwerpunkt und der Größe des Summenauftriebs des Raketenprofils. D.h. die Summe aller Auftriebskomponenten wirkt konzentriert in einem Punkt über einen Hebelarm, dessen Länge der Abstand zwischen Druck- und Schwerpunkt (static stability margin) ist.

Der Koeffizient **DMC** wird aus den Auftriebskräften der einzelnen Komponenten gebildet. Der Abstand (Hebelarm) zum Schwerpunkt geht aber quadratisch in die Größe des Moments ein, da die senkrecht zur Bahnbewegung generierte Geschwindigkeit aus der Winkelgeschwindigkeit φ' über den Radius (Hebelarm) gebildet wird. Durch die vorgenommene Linearisierung wird die Dämpfung zusätzlich (zum DMC) durch das Verhältnis $\dfrac{\varphi'}{v}$ charakterisiert. Das dargestellte lineare Verhalten hat nur Gültigkeit im Arbeitspunkt unter den geltenden Annahmen($\alpha < \pm 10°$).

Die in [ManBen] angegebenen Gleichungen 95, 97 und 100 sind nachstehend aufgeführt, sie entsprechen den Gleichungen von [LaBudde2].

$$C_1 = \frac{\rho}{2} v^2 A_r C_{N\alpha} \left(\overline{Z} - \overline{W}\right)$$

$$C_{2A} = \frac{\rho}{2} v A_r \left\{ (C_{N\alpha})_{T(B)} [\overline{Z}_T - \overline{W}]^2 + (C_{N\alpha})_N [\overline{Z}_N - \overline{W}] + (C_{N\alpha})_S [\overline{Z}_S - \overline{W}]^2 + (C_{N\alpha})_B [\overline{Z}_{CB} - \overline{W}]^2 {}^2 \right\}$$

$$C_{2R} = \frac{m_p}{t_b} \left(L_{ne} - \overline{W}\right)^2$$

$$C_2 = C_{2A} + C_{2R}$$

Sie bestimmen die in Gleichung 11 angegebenen Faktoren C_1 und C_2:

$$I_L \frac{\partial^2 \alpha_x}{\partial t^2} + C_2 \frac{\partial \alpha_x}{\partial t} + C_1 \alpha_x + I_R \omega_Z \frac{\partial \alpha_y}{\partial t} + = 0$$

$$I_L \frac{\partial^2 \alpha_y}{\partial t^2} + C_2 \frac{\partial \alpha_y}{\partial t} + C_1 \alpha_y + I_R \omega_Z \frac{\partial \alpha_x}{\partial t} + = 0$$

Anhand der vorstehend angegebenen Gleichungen können die Eigenbewegungen der Rakete während des Flugs aus den **normierten Kraftkoeffizienten** charakterisiert und bestimmt werden.

Auch in [Bar67] erfolgt die Herleitung der obigen Gleichungen. Zusätzlich wird der Dämpfungskoeffizient für die Neigungsbewegung eingeführt:

$$c_{mq} = \frac{2(\Delta x)^2}{L_R^2} \left(C_{N\alpha} \right)_{T(B)} \tag{5-7}$$

Der Dämpfungskoeffizient wird Einfluss auf eine mögliche Lageregelung haben und soll deshalb hier nicht unerwähnt bleiben.

Nachdem in den vorangegangenen Kapiteln die wesentlichen physikalischen Rahmenbedingungen für den Flug einer Rakete aufgeführt wurden, folgt im sich anschließenden Kapitel die regelungstechnische Betrachtung der Thematik.

6 Regelungstechnische Betrachtungen

Will man sich etwas intensiver mit den physikalischen Grundlagen von Modellraketen befassen, dann schafft man mit [ManBen] einen Einstieg. Besitzt man regelungstechnisches Hintergrundwissen, so stellt man sich die Frage, warum die Autoren keine regelungstechnischen Fachbegriffe einführen und verwenden. Eine mögliche Erklärung besteht darin, dass die Autoren ihren Fokus auf die Beschreibung des Verhaltens und nicht auf die Steuerung einer Rakete gelegt haben. Gründe für diesen speziellen Fokus der Autoren waren sicher die hohen Kosten und das Fehlen geeigneter Sensoren, Aktoren und kleiner Controller zum Zeitpunkt der Veröffentlichung.

In der Zwischenzeit gab es eine rasante Entwicklung auf dem Gebiet der Elektronik, so dass auch für Privatpersonen entsprechende Komponenten erschwinglich sind. Zu den preiswerten Komponenten gehören neben Modulen, die direkt mit einer Lageregelung zu tun haben, auch Kamerasysteme und GPS-Empfänger. Da sich mit diesen Geräten interessante Aufgabenstellungen realisieren lassen, sollen in diesem Kapitel einige Aspekte einer aktiven Steuerung dargestellt werden. Zwei Anwendungsfälle seien als Beispiel genannt:

- Unterdrückung der Rollbewegung,

  z.B. als Voraussetzung zur Aufzeichnung des Fluges per Video,

- gezielte Drehung um den Schwerpunkt zur Verringerung des *In-den-Wind-Drehens* der Rakete.

Der Regelkreis

Bei den Recherchen bezüglich der Modellraketentechnik wurden nur wenige Ausführungen zur Regelungstheorie gefunden. An dieser Stelle sollen daher einige einführende Bemerkungen zu Regelkreisen und der dahinter stehenden Theorie gemacht werden.

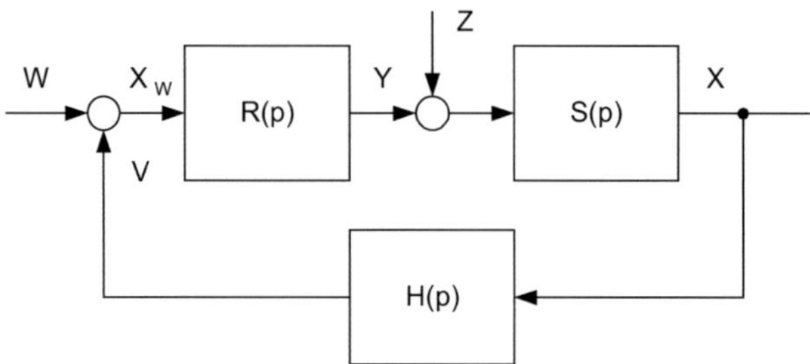

Abb. 6.1   Allgemeiner Regelkreis

In Abbildung 6.1 wird eine mögliche Anordnung zur Beschreibung eines Regelkreises angegeben. In der Regel wird das Verhalten des Regelkreises im Frequenzbereich ($p = j\omega$) betrachtet. Hier lassen sich die Rechenoperationen einfacher durchführen als im Zeitbereich. Außerdem gibt es zahlreiche Möglichkeiten, um das Verhalten des Regelkreises zu bestimmen bzw. bei Kenntnis der Regelstrecke einen geeigneten Regler zu entwerfen. Das Ergebnis liegt dann ebenfalls im Frequenzbereich vor. Um den zeitlichen Verlauf eines Signals zu erhalten, erfolgt nach der Berechnung eine Rücktransformation in den Zeitbereich.

In Abbildung 6.1 wurden folgende Bezeichnungen verwendet:

R(p), S(p) und H(p) – Frequenzgänge von Regeleinrichtung, Regelstrecke und Rückführung.

x   Die **Regelgröße** ist die zu regelnde Größe (z.B. Flossenanstellung, Druck in der Reaktionkammer).

v   Die **Ersatzregelgröße** ist eine aus der Regelgröße abgeleitete Größe, d.h. die Regelgröße ist z.B. nicht direkt messbar oder sie wird durch die Messung selbst verändert.

y   Die **Stellgröße** ist die Größe über die die Systembeeinflußung erfolgt (z.B. Servo für Flossenanstellung, Einströmventil am Eingang der Reaktionkammer).

z   Die **Störgröße** stellt die Unwegbarkeiten des Prozesses dar (z.B. seitliche Anströmung der Rakete, unterschiedliche Wärmeabgabe der Reaktionskammer).

w   Die **Führungsgröße** ist der Sollwert, auf dem ein bestimmter Prozesswert während des geregelten Vorgangs gehalten werden soll (z.B. Ausrichtung der Rakete, Reaktionsdruck in der Reaktionskammer).

x_w Die **Regelabweichung** ist die Differenz zwischen Führungsgröße und Ersatzregelgröße (Differenz zwischen Führungsgröße und Regelgröße bei H(p)=1). Sie gibt an, wie weit ein bestimmter Prozesswert vom gewünschten Sollwert während des geregelten Vorgangs entfernt ist.

In vielen Fällen wird die Rückführung H(p) als starr angenommen, so dass der Term den Wert 1 annimmt. Eine weitere Vereinfachung lässt sich erreichen, wenn die Führungsgröße (w) ein fester Wert ist. Es handelt sich dann um eine Festwertregelung.[9]

Viele Erkenntnisse über das Verhalten einer Anordnung lassen sich anhand spezieller Diagramme schon im Frequenzbereich gewinnen. Als ein Beispiel soll hier das BODE-Diagramm genannt werden. Im Bode-Diagramm werden die Amplitudenverstärkung und die Phasenverschiebung einer komplexen Übertragungsfunktion dargestellt.

Auf den x-Achsen wird die Frequenz logarithmisch dargestellt. Auf der y-Achse wird zum einen die Verstärkung der Amplitude ebenfalls logarithmisch (in Dezibel) als Amplitudengang $L(\omega) = 20 \lg |G(j\omega)|$ und zum anderen die Phasenverschiebung linear als Phasengang $\varphi(\omega) = \arg G(j\omega)$ dargestellt.

---

[9] Diese Art der Regelung kommt im Bereich der Modellraketen gleich an zwei Stellen vor. Einmal kann die "Lageregelung" einer ungelenkten Modellrakete genannt werden, hier hat die Führungsgröße den Wert 0. Als zweites Beispiel lässt sich der Hybridmotor (Führungsgröße für den Kammerdruck ist 50 bar) nennen.

Allgemein läßt sich sagen, dass Polstellen eine Verringerung (-20dB) und Nullstellen eine Vergrößerung (+20dB) der Amplitudenverstärkung je Dekade (bezogen auf die Frequenz) bewirken. In beiden Fällen tritt zusätzlich eine Phasenverschiebung um 90° auf. In der Praxis nimmt der Amplitudengang grundsätzlich mit steigender Frequenz ab.

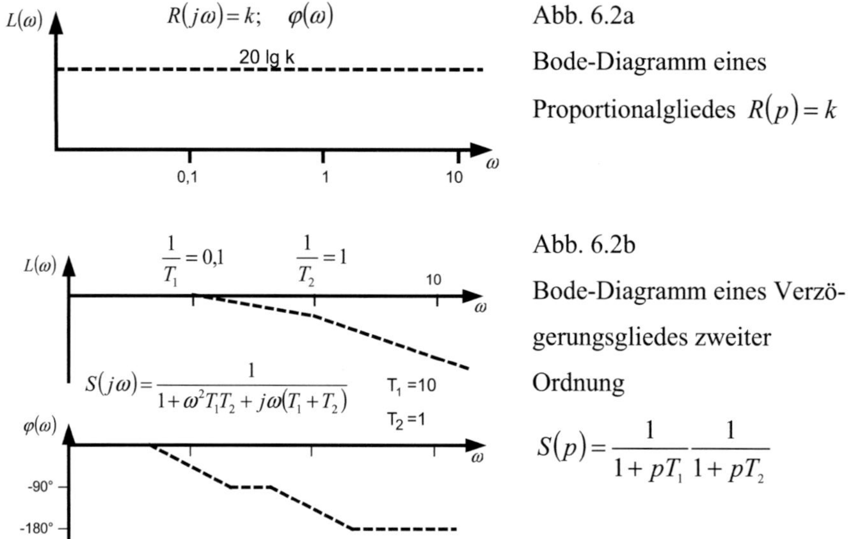

Abb. 6.2a

Bode-Diagramm eines Proportionalgliedes $R(p)=k$

Abb. 6.2b

Bode-Diagramm eines Verzögerungsgliedes zweiter Ordnung

$$S(p)=\frac{1}{1+pT_1}\frac{1}{1+pT_2}$$

Unter der Annahme, dass die Regeleinrichtung/Regler R(p) ein reiner Proportionalregler ist, d.h. er verstärkt nur, dann ergibt sich ein Frequenzgang entsprechend Abb. 6.2a. Handelt es sich bei der Strecke S(p) um ein Verzögerungsglied zweiter Ordnung, dann findet man einen Frequenzgang entsprechend Abb. 6.2b.

Weitere Frequenzgänge für eine Vielzahl von Übertragungsgliedern sind u.a. in [Oppelt] und [Bur84] zu finden.

Anhand des Bode-Diagramms kann u.a. auf die Stabilität eines Reglerkreises geschlossen werden. Dabei spielen die Größen Phasenrand und Amplitudenrand eine wichtige Rolle, auf die aber jetzt noch nicht eingegangen werden soll.

Die nachstehende Abbildung 6.3 zeigt eine verallgemeinerte Lageregelung um den Schwerpunkt einer ungesteuerten Rakete, wobei für die Regelgröße der fiktive Wertebereich (in Anlehnung an die Randbedingungen von Barrowmans Modell) angegeben wurde. Mit der Störgröße Z kann z.B. auftretender Seitenwind charakterisiert werden.

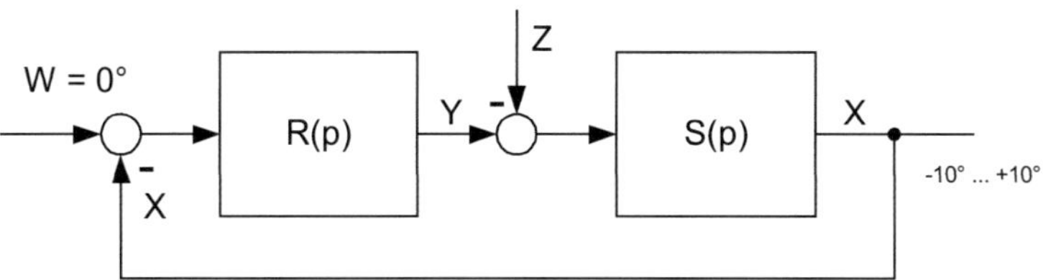

Abb. 6.3   Lageregelung um den Schwerpunkt der
ungesteuerten Modellrakete als Festwertregelung

Von besonderem Interesse ist es nun, ob der Regelkreis beim Ändern des Sollwertes oder beim Einwirken von Störgrößen stabil bleibt, oder ob die Gefahr der Instabilität besteht. Stabil ist ein Regelkreis im regelungstechnischen Sinne aber auch dann, wenn es aufgrund der gewählten Parameter des Reglers zu einem mehr oder weniger starken Überschwingen kommt. Das kann dann der Fall sein, wenn ein neuer Arbeitspunkt eingenommen oder eine Störgröße ausgeregelt wird.

Mittels bestimmter Verfahren kann das Verhalten von Regelkreisen untersucht und Einfluss auf das dynamische Verhalten des Systems genommen werden. Für lineare Regelkreise sind die Verfahren i.d.R. einfach zu handhaben; nichtlineare Problemstellungen erfordern erheblichen Aufwand.

Hat man für eine bestehende Regelstrecke einen passenden Regler ausgesucht und in die Anordnung eingefügt, so ist es in der Praxis sehr oft notwendig, die entsprechenden Parameter (z.B. Verstärkung und Zeitkonstanten) an den konkreten Prozess anzupassen. Auch dafür gibt es zahlreiche Hilfestellungen, die in der einschlägigen Literatur (z.B. [Oppelt]) beschrieben werden.

Die Modellrakete - zwei Betrachtungsweisen

Die Rakete kann als regelungstechnisches Objekt aus verschiedenen Blickwinkeln betrachtet werden. Zum einen kann man der Meinung sein, dass es sich um einen Regler ohne Hilfsenergie handelt. Die Reglerstruktur entsprechend Abb. 6.3 rechtfertigt diese Annahme. Die einzelnen Terme der Gleichung (5-4) lassen sich den Übertragungsgliedern und den Signalen zuordnen. Letztlich versucht die Rakete als Regelkreis, einen Sollwert von 0° Anströmungswinkel einzustellen. Störgrößen, wie z.B. Ungenauigkeiten beim Bau, werden während des Fluges ausgeregelt.

Zum anderen ist es möglich, die Rakete als "einfaches" Übertragungsglied zu betrachten. Beiden Fällen liegen die im vorangegangen Kapitel beschriebenen Momentegleichungen zugrunde. Für die folgenden Betrachtungen bietet sich die Betrachtung der Rakete als Übertragungsglied - speziell als Regelstrecke - an.

Um Einfluss auf das Flugverhalten der Rakete zu nehmen, muss die Rakete mit zusätzlichen Elementen ausgerüstet werden. Dabei handelt es sich um Aktoren, Sensoren und einen Regler. Alle diese Elemente besitzen eigene charakteristische Übertragungsfunktionen. Schematisch kann der Regelkreis dann wie folgt dargestellt werden (Abb. 6.4):

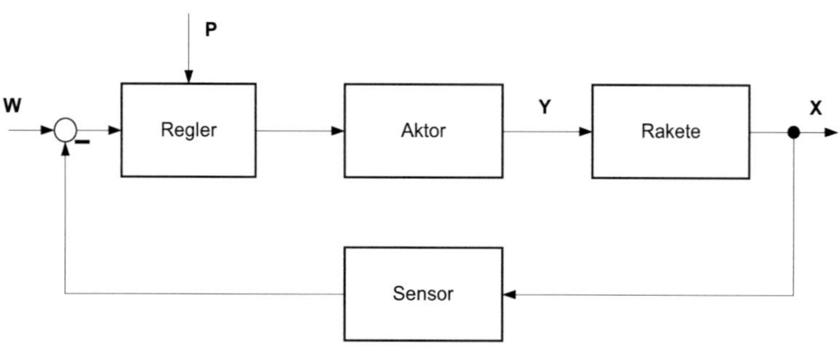

Abb. 6.4   Allgemeiner Regelkreis

Die zusätzlichen Elemente werden ein anderes Verhalten der Gesamtschaltung bewirken. Bei dieser erweiterten Anordnung ist es durchaus möglich, dass die vormals eigenstabile

Rakete durch die zusätzlichen Elemente instabil gemacht wird. Das kann man sich leicht vorstellen, wenn man annimmt, dass durch einen Sensor und oder einen Aktor eine Phasendrehung erzeugt wird. Aus einer Gegenkopplung wird dann eine Mitkopplung, so dass die Gesamtschaltung instabil wird. Es ist deshalb zwingend erforderlich festzustellen, ob eine gewählte Anordnung stabil ist oder nicht.

Stellt man Instabilität fest, muss man eine Komponente so entwerfen, dass die Gesamtschaltung wieder stabil wird. Auf die Übertragungsfunktionen von Sensor und Aktor kann man nur über deren Auswahl Einfluss nehmen. Die Übertragungsfunktion der Rakete wird durch deren Konstruktion bestimmt. Hier kann man durch Größe und Form zum einen und durch die Masseverteilung zum anderen Einfluss nehmen. Gänzlich freie Wahl hat man bei der Auswahl des Reglers, da dessen Übertragungsfunktion in einem Mikrocontroller definiert bzw. programmiert wird.

Auch wenn man bei der Reglerwahl und dessen Parametrierung freie Wahl hat, stellt sich weiterhin die Frage nach der Stabilität der Gesamtschaltung. Wie im vorangegangen Text bereits angedeutet, gibt es mehrere Verfahren, nach denen die Stabilität und das Verhalten von Übertragungsgliedern und Regelkreisen bestimmt werden kann. Eine soll etwas genauer wiedergegeben werden.

In [Bur84] findet man die folgende Definition:

> Der geschlossene Regelkreis (Gesamtschaltung) ist genau dann stabil, wenn alle Wurzeln der charakteristischen Gleichung $1 + G(p) = 0$ in der linken p-Halbebene[10] liegen. Ist die Übertragungsfunktion des aufgeschnittenen Kreises

---

[10] Bei der charakteristischen Gleichung handelt es sich um ein Polynom. Ein einfaches Polynom ist z.B. die quadratische Gleichung $x^2 + px + q = 0$. Deren Lösung ist allgemein bekannt: $x_{1,2} = -\dfrac{p}{2} \pm \sqrt{\left(\dfrac{p}{2}\right)^2 - q}$.

gebrochen-rational $G(p) = \dfrac{B(p)}{A(p)}$ und nicht kürzbar, so lautet die charakteristische Gleichung $A(p) + B(p) = 0$. Auf diese Polynom-Gleichung kann das Hurwitz-Kriterium[11] angewendet werden.

Anhand von Gleichung (5-6) soll der Verfahrensweg hier kurz für die Freiflugphase erläutert werden. Zuerst wird die Gleichung umgestellt und vereinfacht, indem K_1 und K_2 eingeführt werden:

$$\varphi'' + K_2\varphi' + K_1 = 0 \qquad\qquad\qquad \textbf{\textit{(6-1)}}$$

mit $K_1 = \dfrac{p_{dyn}CMC}{J_{CG}}$ und $K_2 = \dfrac{p_{dyn}DMC}{J_{CG}v}$.

Ist die Differenz unter der Wurzel positiv, liegen die Lösungen auf der reellen Zahlenachse. Für p=2 und q=-3 erhält man x_1=1 und x_2=-3 (siehe unten rechte Seite).

Sollten p=2 und q=2 sein, dann liegt die Lösung in der komplexen Zahlenebene; da per Definition $j = \sqrt{-1}$ ist.

Die Lösung heißt dann: $x_{1,2} = -\dfrac{2}{2} \pm \sqrt{\left(\dfrac{2}{2}\right)^2 - 2} = -1 \pm \sqrt{1-2} = -1 \pm j$ (siehe unten linke Seite).

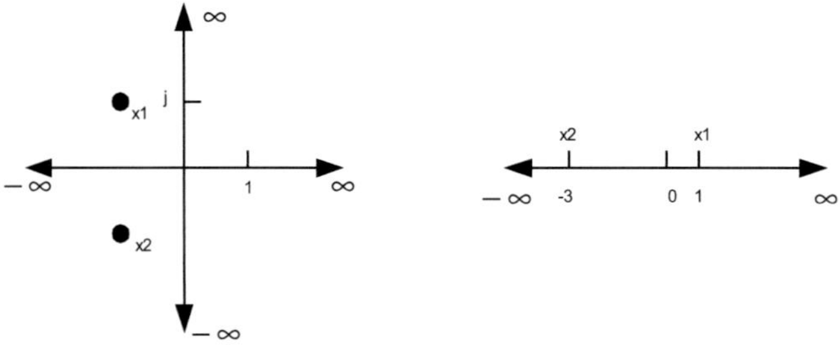

[11] Das Verfahren wird im Anhang vorgestellt.

Der nächste Schritt besteht in der Übertragung der Gleichung aus dem Zeit- in den Frequenzbereich (Laplace-Transformation). Als charakteristische Gleichung für die Rakete erhält man dann:

$$G_{Rakete}(p) = \frac{1}{p^2 + K_2 p + K_1}$$

Die Anwendung der vorstehenden Definition bezüglich der Stabilität führt zu:

$$1 + G_{Rakete}(p) = 1 + \frac{1}{p^2 + K_2 p + K_1} = 0 \quad \Rightarrow \quad p^2 + K_2 p + K_1 + 1 = 0$$

Um festzustellen, ob sich die Rakete im regelungstechnischen Sinne stabil verhält, muss die Lage[12] der Polstellen (Nullstellen des Nennerpolynoms) ermittelt werden. Diese müssen dann in der linken p-Halbebene liegen:

$$p_{1,2} = -\frac{K_2}{2} \pm \sqrt{\frac{K_2^2}{4} - K_1 - 1}$$

Wenn K_1 größer ist als K_2 , was in der Praxis immer der Fall sein sollte, dann liegen die Pole in der linken Halbebene, da der Term vor der Wurzel kleiner 0 ist. Außerdem ist der Term unter der Wurzel negativ, so dass die Lösung konjugiert komplex ist, d.h. es handelt sich um einen abklingenden Schwingungsvorgang. Die Rakete schaukelt (pendelt) etwas, fliegt aber ansonsten gerade.

Nur für den Fall, dass K_1 sehr groß wird, d.h. der Term in der Wurzel wird positiv, können beide Pole in die rechte Halbebene wandern und es ergibt sich ein aufklingender Vorgang.

---

[12] Anhand der Polstellen kann auf das Verhalten geschlossen werden. Imaginäre Anteile weisen auf Schwingungen hin. Polstellen in der linken/rechten Halbebene stehen für abklingende/aufklingende Vorgänge.

Dieser Fall kann genau dann eintreten, wenn der Abstand zwischen Druckpunkt und Schwerpunkt falsch gewählt wurde, der Motor z.B. zu schwer ist.

Bringt man Schwerpunkt und Druckpunkt an die gleiche Position, dann ändert sich die Lösung der Gleichung zu:

$$p_{1,2} = -\frac{K_2}{2} \pm \sqrt{\frac{K_2^2}{4} - 1}$$

Sind die angreifenden Störgrößen (Seitenwind und konstruktiver Aufbau) gering, dann sollte auch diese Rakete stabil fliegen. Als Konstruktionshilfe kann man K2 nutzen. Zum einen sollte es möglichst groß sein (Der Pol liegt weit links) und zum anderen sollte der Term in der Wurzel negativ sein, damit kein aufklingender Vorgang auftritt. Das Besagte trifft aber nur für die Freiflugphase zu, das größte Problem wird die Schubphase bei einer solchen Rakete darstellen.

Neben Aussagen zur Stabilität können anhand der Übertragungsfunktion Aussagen über die Eigenvorgänge des Übertragungsgliedes - hier die Rakete - gemacht werden. Da eine Rakete ein schwingfähiges Gebilde ist, lässt sich die Übertragungsfunktion auch wie folgt angeben:

$$G_{Rakete}(p) = \frac{K}{1 + 2DpT + p^2 T^2} = \frac{1}{p^2 + K_2 p + K_1}$$

Der Term $1 + 2DpT + p^2 T^2$ wird aus zwei konjugiert komplexen Nullstellen gebildet. Die Lage der Nullstellen charakterisiert das Verhalten des Übertragungsgliedes (siehe z.B. [Bur84]). Zum praktischen Verständnis wird das Verhalten durch zwei Parameter (Zeitkonstante T und Dämpfung D) beschrieben: Die Zeitkonstante bestimmt die Eigenfrequenz des Gliedes und die Dämpfung zeigt, wie stark der Vorgang gedämpft wird.

Ein Vergleich der Koeffizienten führt zu:

$$T = \sqrt{K_1} \quad \text{und} \quad D = \frac{K_2}{2\sqrt{K_1}}$$

Da K_2 im Verhältnis zu K_1 klein ist, muss auch der Wert für die Dämpfung D gering sein. In Abb. 6.5 zeigt sich, dass in diesem Fall beim Erreichen der Eigenfrequenz des Übertragungsgliedes eine wesentliche Amplitudenverstärkung auftritt. Da dies ein interessanter Sachverhalt ist, sollte an dieser Stelle darauf hingewiesen werden. In [ManBen] erfolgt eine ausführliche Erörterung der Ergebnisse der vorstehenden Gleichung, wobei die Eigenfrequenz mit $\omega = \dfrac{1}{T} = \sqrt{\dfrac{C_1}{I_L}}$ und die Dämpfung als *damping ratio* mit

$\xi = D = \dfrac{C_2}{2\sqrt{C_1 I_L}}$ angegeben wird. U. a. ist es in [ManBen] das Ziel, eine optimale Dämpfungsgeschwindigkeit zu ermitteln, damit die Flughöhe maximiert wird, der Flug aber dennoch senkrecht und stabil erfolgt.

Die Betrachtungen in [ManBen] erfolgen im Zeitbereich, da die Gleichung (6-1) auch ohne Transformation in den Frequenzbereich lösbar ist. Die Lösung der quadratischen Gleichung führt zu denselben Ergebnissen[13].

---

[13] Die in [ManBen] verwendeten Größen D und ω entsprechen K1 und K2.

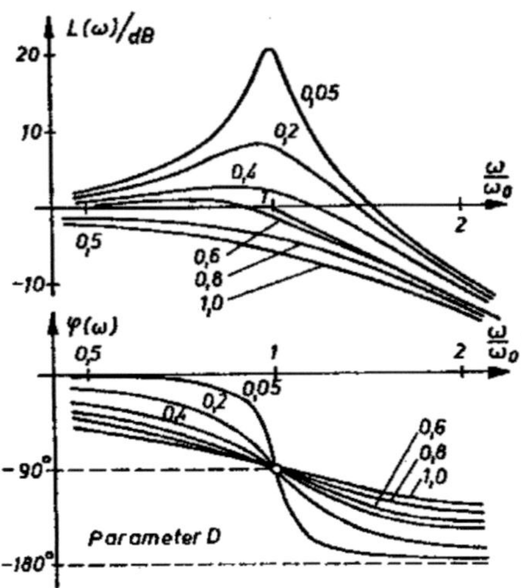

Abb. 6.5   Amplituden- und Phasengang des Schwingungsgliedes

Betrachtet man ausschließlich die Rakete, so ist das der angemessene Weg. Soll aber entsprechend Abb. 6.3 ein Regelkreis untersucht werden, so lässt sich die Analyse im Frequenzbereich wesentlich einfacher durchführen. Die Übertragungsfunktionen der einzelnen Komponenten können einfacher miteinander verknüpft werden. Die charakteristische Gleichung lautet:

$$G(p) = \frac{G_{Re\,gler}(p)G_{Aktor}(p)G_{Rakete}(p)}{1 + G_{Re\,gler}(p)G_{Aktor}(p)G_{Rakete}(p)G_{Sensor}(p)} \qquad (6\text{-}2)$$

Die Nullstellen lassen sich nicht mehr mittels einer einfachen Formel bestimmen. Die Stabilitätsuntersuchung erfolgt nun anhand des Roth-Hurwitz-Kriteriums.

Angemerkt werden soll noch, dass mathematisch Terme aus dem Nenner und dem Zähler gegeneinander gekürzt werden können, physikalisch beschreiben diese Terme Eigenvorgänge, die der Gesamtschaltung unverändert innewohnen. Eine weitere Vereinfachung ist unter Umständen möglich, wenn die Zeitkonstanten sich wesentlich unterscheiden. Sehr kleine Zeitkonstanten können in der Regel in der Praxis vernachlässigt werden. Im obigen Beispiel sollten Aktor und Sensor sehr kleine Zeitkonstanten aufweisen. Die Gleichung vereinfacht sich dann zu:

$$G(p) = \frac{G_{Re\,gler}(p)G_{Rakete}(p)}{1 + G_{Re\,gler}(p)G_{Rakete}(p)} \qquad (6\text{-}3)$$

Im Folgenden werden die Regelstrecken für Modellraketen hergeleitet. Diese werden hinreichend kompliziert sein, da es sich um nichtlineare physikalische Zusammenhänge handelt. Der Reglerentwurf wird dem entsprechend auch einen gewissen Aufwand erfordern.

Prinzipiell besteht die Möglichkeit, für nichtlineare Strecken Stabilität zu erreichen, wenn eine der Regelgröße proportionale Stellgröße berechnet und an das Stellglied ausgegeben wird.

Experimentelle Prozessanalyse

Neben der reinen theoretischen Behandlung und Untersuchung von Regelkreisen gibt es die Möglichkeit der experimentellen Prozessanalyse. Die grundlegende Idee ist dabei, dass bei Kenntnis von Eingangs- und Ausgangssignal auf die Übertragungsfunktion der Regelstrecke geschlossen werden kann. Der Sachverhalt kann in der Gleichung

$G(p) = \dfrac{U(p)}{Y(p)} = \dfrac{B(p)}{A(p)}$ zusammengefasst werden. U(p) kennzeichnet das Eingangssignal

und Y(p) steht für das Ausgangssignal. A(p) und B(p) sind Polynome der Form

$A(p) = a_n p^n + a_{n-1} p^{n-1} \cdots a_1 p + a_0$, mit denen die Strecke nachgebildet werden kann.

Dem System werden in Experimenten bekannte Signale U(p) aufgeprägt und die Reaktionen Y(p) gemessen. Mittels Koeffizientenvergleich können die Faktoren a_n und b_m für eine gewählte Struktur ermittelt werden. Zu beachten ist, dass mit diesem Verfahren nur die größeren Zeitkonstanten ermittelt werden können, da hohe Frequenzen einer starken Dämpfung unterliegen. Die Struktur wird also einfacher, als sie in der Realität ist.

Der wesentliche Nachteil aber besteht darin, dass der Versuch am realen Prozess erfolgt. Das ist gefährlich, insbesondere bei Raketen, da diese nur schwer wieder *eingefangen* werden können.

Regelung der Rollbewegung um die Längsachse

Nachdem im vorangegangen Text eine allgemeine Einleitung erfolgte, sollen die Ergebnisse nun zusammengefasst werden. Dazu wird das Modell entsprechend Abb. 6.6 angenommen. Da die Rollbewegung ausgeregelt werden soll, ist der Sollwert gleich 0 (Umdrehungen pro Sekunde). Die Differenz aus Istwert und Sollwert gelangt zum Regler. Dieser berechnet einen Stellwert (Flossenausschlag) und gibt ihn an den Servo. Der Servo wiederum versucht, den vorgegebenen Wert einzustellen. Da der Motor eine gewisse Zeit braucht, ist eine entsprechende Verzögerung vorgesehen (PT1). Außerdem kann der Servo nur einen begrenzten Stellbereich nutzen, das Stellsignal wird deshalb begrenzt (BG).

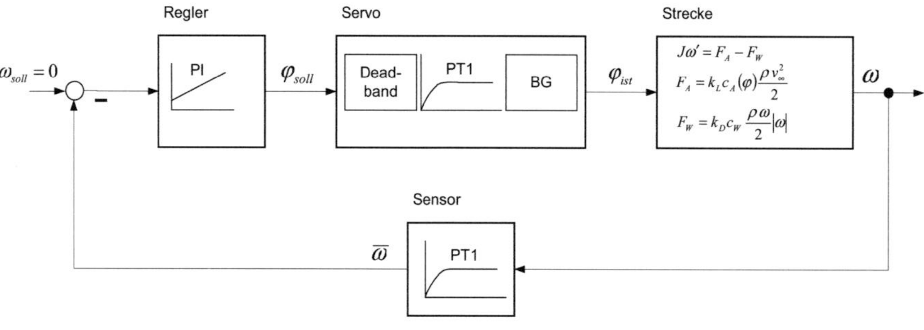

Abb. 6.6   Allgemeiner Regelkreis

Je nach Qualität des Servos kann noch ein Bereich angenommen werden, bei dem noch keine Stellbewegung ausgeführt wird, obwohl eigentlich eine Bewegung ausgeführt werden müsste (Totband). Die Strecke enthält die bereits bekannte Gleichung (5-2.3) oder die etwas genauere Gleichung (5-3). Der Sensor misst die Winkelgeschwindigkeit, die sich bei einer bestimmten Flossenstellung ergibt. Das Messen geschieht nicht völlig verzögerungsfrei, deshalb ist auch hier ein Verzögerungsglied angedeutet.

Alle wesentlichen Größen des Regelkreises sind jetzt verschaltet, so dass eine Simulation möglich wird. Dazu hat der Autor ein Programm implementiert, dessen Eigenschaften hier kurz erläutert werden sollen. Alle notwendigen Formeln wurden bisher in diesem Papier dargestellt, bis auf die Ausnahme des Reglers. Ein Vorschlag zu dessen Implementierung schließt sich an. Die folgende Abb. 6.7 zeigt die Eingabemaske zur Parametrierung der Simulation; Abb. 6.8 zeigt die Simulationsergebnisse bei der Benutzung unterschiedlicher Flügelprofile.

In der rechten oberen Ecke werden grundsätzliche Angaben zur Simulation gemacht. Die Dauer des Flugs wird anhand der translatorischen Bewegung ermittelt. Die Tastzeit gibt an, zu welchen äquidistanten Zeitpunkten der Regler die Eingangssignale verarbeiten und entsprechende Ausgangsignale erzeugen soll.

Die Größe *Omega0* ermöglicht die Eingabe einer Anfangsdrehgeschwindigkeit mit der die Rakete die Startrampe verlässt. Ziel der Regelung muss es sein, diese Anfangs-geschwindigkeit in einem kurzen, definierten Zeitraum auszuregeln.

In der oberen Mitte wird das Trägheitsmoment, das mit dem Entwurfsprogramm ermittelt wurde, angezeigt. Darunter kann man Angaben zum Flügelprofil machen, d.h. es wird die Kennlinie des Auftriebs als Funktion des Anströmwinkels angegeben. Auf der linken Seite wird der Servo charakterisiert. Totband, Verzögerung und Stellgeschwindigkeit müssen eventuell experimentell ermittelt werden, sofern sie nicht aus den Datenblättern entnommen werden können. Der maximale Stellweg wird durch die Auftriebskennlinie festgelegt, da es nicht sinnvoll ist, größere Stellwinkel anzufahren, als durch die Kennlinie abgedeckt werden.

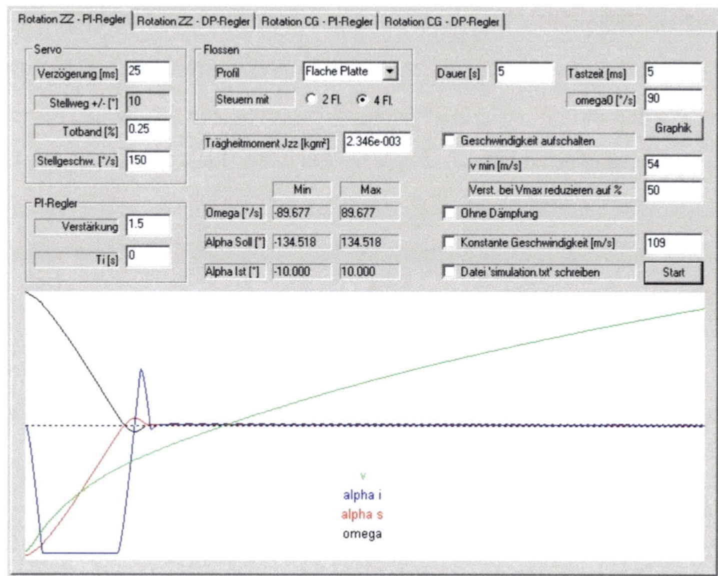

Abb. 6.7   Simulationsmaske

In der rechten unteren Hälfte können spezielle Simulationsbedingungen definiert werden. Da die Fluggeschwindigkeit einen nicht zu vernachlässigenden Einfluss auf die physikalischen Vorgänge hat, ist es unter Umständen wünschenswert, diesen Einfluss zu verringern, indem ein Flug mit konstanter Geschwindigkeit angenommen wird. In diesem Fall ist es möglich, die Auswirkungen der einzelnen Einflussfaktoren gezielt über die Änderung bestimmter Parameter zu untersuchen.

Da der Autor im Text angedeutet hatte, dass der Einfluss der Dämpfung gering ist, gestattet eine weitere Option die Simulation ohne Dämpfung durchzuführen.

In der unteren Mitte der Eingabemaske werden Minima und Maxima für spezielle Prozessgrößen während der Simulation angegeben. *Alpha Soll* ist der Sollwert, den der Regler an den Servo ausgibt. *Alpha Ist* ist der tatsächliche Stellwert des Servos. *Omega* bezeichnet die Winkelgeschwindigkeit, d.h. die Drehgeschwindigkeit der Rakete.

Über die Eingabefelder auf der linken unteren Seite kann der Regler parametriert werden. Eingegeben werden können Verstärkung und Nachstellzeit (Zeitkonstante des I-Anteils der Übertragungsfunktion).

Die nachstehende Abb. 6.8 zeigt zwei Beispiele für Regelabläufe mit unterschiedlichen Flossenprofilen. Der Verlauf der Fluggeschwindigkeit ist in beiden Fällen gleich.

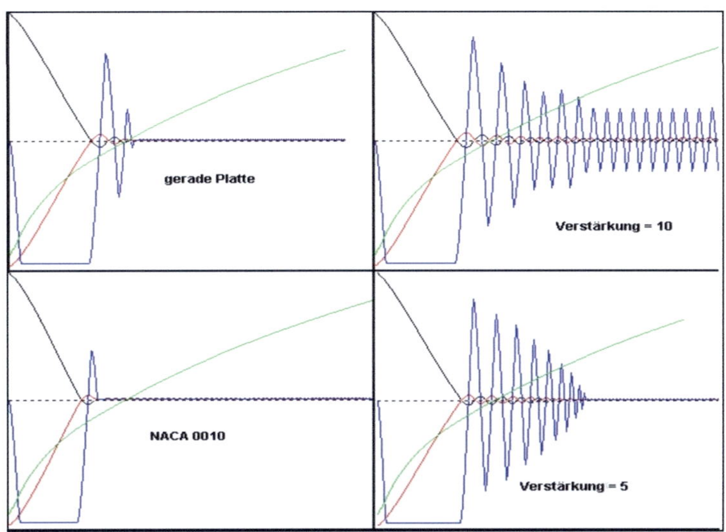

Abb. 6.8   Regelverhalten mit einer Startwinkelgeschwindigkeit größer 0

Im oberen Teil der Abbildung wurden die Flossen als gerade Platte angenommen. Die untere Graphik basiert auf einem NACA 002-Profil. Man erkennt deutlich, dass die Drehbewegung beim Einsatz des NACA-Profils noch vor dem Erreichen der Maximalgeschwindigkeit ausgeregelt wurde.

Auf der rechten Seite sind zwei Verläufe angegeben, die ein deutliches Überschwingen der Regelung aufgrund einer zu großen Reglerverstärkung zeigen.

Da der Autor die Ergebnisse bis zu diesem Zeitpunkt leider noch nicht überprüfen konnte, bietet sich ein weites Experimentierfeld. Nicht unerwähnt bleiben soll deshalb, dass bei der Simulation der Regelung nur zwei der vier Flossen über einen Servo gestellt werden konnten. Sollte man alle vier Flossen stellen können, so sind kürzere Ausregelzeiten zu erwarten.

Noch offen ist in diesem Zusammenhang die Vorstellung des eingesetzten Reglers. Wie bereits angedeutet, kommt ein PI- Regler zum Einsatz. Die Beispielimplementierung soll kurz erläutert werden. Die Programmierung erfolgte mittels C++. Prinzipiell ist jede andere Programmiersprache geeignet. Aufgrund der Gedächtniswirkung von Zeitfunktionen erweist sich der Einsatz von objektorientierten Sprachen als vorteilhaft, da der Code übersichtlich aufgebaut werden kann.

Lösungsvorschlag PI-Regler

```cpp
double Sim PI::calc(double SP, double PV) {
... /* Algorithmus */
  if (!MAN && !TRK) {
    /* P-Anteil */
    AP = XW - E 1;
    AP *= GAIN;
    /* I-Anteil */
    if(RESET T && P1!=0) {
      AI = P1 * (XW + E 1);
    }
    APID = AI;
    if (GAIN)
      APID *= GAIN;
    APID += AP;
    // Summieren
    OUTPUT += APID;  // (n-1)
    E 1 = XW;
  } else {
// Manueller Betrieb
    if (MAN)
      OUTPUT = OM;
    else
      if (TRK)
        OUTPUT = OT;
      E 1 = 0.0;
  }
  return OUTPUT;
}
```

Der dargestellte Ausschnitt des Algorithmus wurde einer Automatisierungsbibliothek entnommen. Er enthält noch einige Besonderheiten, die auch beim praktischen Einsatz in Modellraketen von Bedeutung sein können. Neben den bekannten Eingangsvariablen SP (Set Point - Sollwert) und PV (Process Value - Regelgröße) sowie den Parametern GAIN

(Verstärkung) und RESET_T (Nachstellzeit) gibt es noch weitere Steuervariablen, die die Arbeitsweise des Reglers (MAN, TRK) beeinflussen. Das Rechenergebnis des Reglers wird im OUTPUT abgelegt.

So lange weder TRK noch MAN aktiv sind, wird der normale Regelalgorithmus abgearbeitet. Die einzelnen Anteile (P und I) werden einzeln berechnet und am Ende der Rechnung summiert. Wie leicht nachvollziehbar, ist es möglich, den Regler als reinen P-Regler zu betreiben, wenn die Zeitkonstante (RESET_T) gleich 0 gesetzt wird.

Die Berechnung der Ausgangsgröße OUTPUT erfolgt zyklisch in Abhängigkeit von einer gewählten Tastzeit. Die Größe der Tastzeit fließt in die Zwischenvariable P1 ein. Bei jeder neuen Berechnung werden nur die Differenzen zu den in der letzten Berechnung ermittelten Werten beachtet, dazu wird die letzte Regelabweichung XW in der Variablen E_1 zwischengespeichert.

Über die beiden Steuervariablen kann die Arbeitsweise beeinflusst werden. TRK steht für **Folgebetrieb** (Tracking) und MAN für **Manuelle Steuerung**. Im Zustand **Manuelle Steuerung** wird keine Berechnung durchgeführt, sondern es wird ein fester Stellwert (Handstellwert) ausgegeben. Für die Lageregelung von Modellraketen ist dieser Arbeitsmodus von besonderer Bedeutung.

Anders verhält es sich mit dem Modus **Folgebetrieb.** In diesem Modus wird der Ausgang OUTPUT mit dem Wert der Variablen OT überschrieben; außerdem wird der Sollwert mit dem Wert der Variablen PV überschrieben, so dass XW gleich 0 ist. Ziel dieses Vorgehens ist, dass beim Umschalten zwischen manuellem und Automatikbetrieb kein Sprung des Stellwertes erfolgt.

Bleibt die Frage zu klären, warum und wann beim Flug einer Modellrakete zwischen manuellem und Automatikbetrieb überhaupt umgeschaltet werden sollte? Diese Frage ist relativ leicht zu beantworten, wenn man sich die verschiedenen Phasen des Fluges genauer ansieht.

Beim Start wird die Rakete zwangsgeführt. Die Sensoren geben durch Vibrationsbewegungen und Stöße Messwerte an den Regler weiter, die dieser aufgrund der Zwangsführung nicht ausregeln kann. Wird nun ein Regler mit I-Anteil eingesetzt, der nicht über eine geeignete Wind-up-Begrenzung verfügt, erfolgt je nach Länge der Phase eine stetige Integration (Aufsummierung) der Regelabweichung. Die Folge wird sein, dass der Regler in die Begrenzung geht und eine sinnvolle Regelung nicht stattfindet. Daher ist es sinnvoll, die Regelung für die zwangsgeführte Phase des Starts im manuellen Folgebetrieb zu betreiben.

Neben der oben angegebenen Lösung, bei der ein PI-Regler zum Einsatz kommt, sind auch andere Lösungsvarianten denkbar. Der PI-Regler könnte z.B. durch ein Zwei- oder Dreipunktglied ersetzt werden. Da das Zweipunktglied die Drehbewegung aber nur verringern und nicht vollständig beseitigen kann, ist dem Dreipunktglied für die Lageregelung auf alle Fälle der Vorzug zu geben.

Die folgende Abbildung 6.9 zeigt einen vereinfachten Regelkreis mit einem Dreipunktglied. Die Rückführung wurde als starr angenommen, da die Zeitkonstante des Sensors im Vergleich zu den anderen Zeitkonstanten sehr klein ist. Eine weitere Vereinfachung betrifft die Dämpfung; auch sie wurde als sehr klein angenommen. Damit vereinfacht sich das Modell der Regelstrecke. Die Gleichung (6-1) reduziert sich mit $T_2=0$ zu:

$$G_{Rakete}(p) = p^2 + T_2 p - T_1 \quad \Rightarrow \quad G_{Rakete}(p) = p^2 - T_1$$

Es wird also eine Strecke mit doppeltem I-Anteil angenommen.

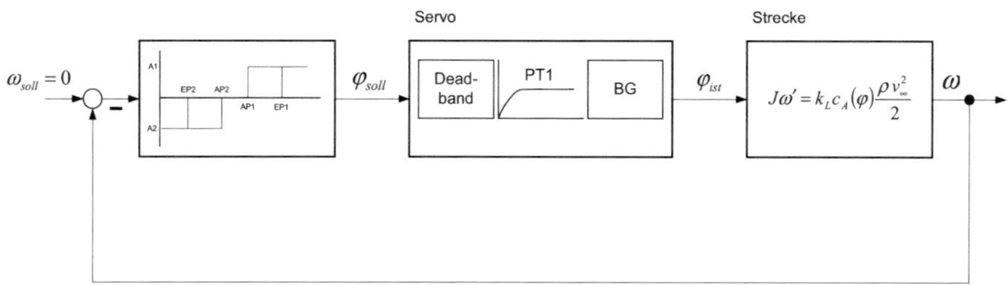

Abb. 6.9   Lageregelung mit Dreipunktglied und starrer Rückführung

Im Beispiel besitzt das Dreipunktglied zwei Ausgänge, von denen jeweils ein Ausgang aktiv sein kann. Dieser aktive Ausgang gibt dann einen festen Sollwert an den Servo aus. Da eine Ausregelung der Drehbewegung gewünscht ist, wird sich der an den Servo auszugebende Wert nur im Vorzeichen unterscheiden.

Die Parametrierung des Dreipunktgliedes erfordert die Angabe von zwei Einschaltgrenzen und zwei Ausschaltgrenzen. Bei symmetrischem Betrieb unterscheiden sich die Werte wiederum nur im Vorzeichen. Die Wahl der optimalen Grenzen bereitet einige Schwierigkeiten, da der Einfluss der Fluggeschwindigkeit nicht zu vernachlässigen ist. Eventuell sollten mehrere Parametersätze für die Grenzen definiert werden, die dann anhand der aktuellen Geschwindigkeit ausgewählt werden.

Regelung der Bewegung um den Schwerpunkt

In [Oppelt] wird *Fahrzeugen als Regelstrecken* ein separates Kapitel gewidmet. Die folgenden Betrachtungen benutzen die dort eingeführten Begriffe und folgen natürlich auch dem dort beschriebenen Lösungsweg. Um dem Leser ein eingehendes Bild zu zeichnen, werden einige Sachverhalte ausführlicher dargestellt.

Die nachstehende Abbildung 6.10 zeigt eine ungesteuerte Rakete mit den auf sie einwirkenden Kräften.

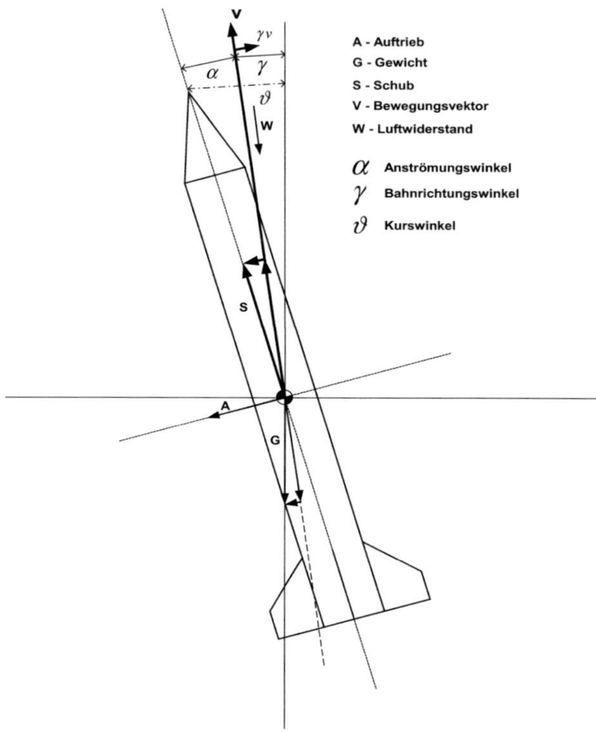

Abb. 6.10   Ungesteuerte Rakete

Beim Einwirken einer Windbö auf die Rakete wird sie sich aufgrund der Massenträgheit weiter in Richtung der Schwerpunktbahn bewegen. Erst allmählich wird sie eine Drehung durchführen und die Bahn des Schwerpunktes ändert sich. In diesem Modell gibt es daher zwei Winkel, der eine ergibt sich aus der Bahnrichtung (Bahnrichtungswinkel γ) und der andere aus der Ausrichtung der Rakete (Kurswinkel ϑ). Beide Winkel stehen miteinander in Beziehung, die Differenz ergibt den Winkel der Anströmung α.

Mittels dieser Winkel ist es möglich, die für die Rakete in diesem Punkt gültigen Formeln zu notieren. Um die Gleichungen zu vereinfachen, wird vorausgesetzt, dass die Bewegungen nur zu kleinen Winkeländerungen führen. Damit treten in den Gleichungen keine Winkelfunktionen auf. [Oppelt] folgend wird die Rakete als *statisch* stabil angenommen, d.h. die Rakete ist mechanisch stabil (siehe Abb. 6.11). Der Schwerpunkt der Rakete muss **nicht zwingend** näher an der Spitze liegen als der Druckpunkt. Nach Gleichung (3-2) bedeutet das ein Kaliber kleiner 0.

Es lassen sich drei nützliche Formeln finden: Eine beschreibt die Kräfte längs der Bewegungsrichtung, eine weitere die Kräfte, die senkrecht zur Bewegungsrichtung wirken. Die Dritte schließlich beschreibt das Momentegleichgewicht um den Schwerpunkt. Es wird eine Drehung im Uhrzeigersinn angenommen, da sich der Druckpunkt zwischen dem Schwerpunkt und den Flossen befindet. Die Winkel bezüglich der senkrechten Achse sind größer 0.

Kräfte in Bahnrichtung
$$mv' = S\cos(\alpha) - G\cos(\gamma) - W(\alpha)$$

Kräfte senkrecht zur Bahn
$$mv\gamma' = A(\alpha) + S\sin(\alpha) + G\sin(\gamma)$$

Momente um den Schwerpunkt
$$I_{CG}\vartheta'' = -C_M(\alpha) - C_D(\vartheta')$$

Die Größen $W(\alpha)$, $A(\alpha)$, $C_D(\vartheta')$ und $C_M(\alpha)$ sind jeweils Funktionen der Winkel, die durch die Geometrie der Rakete bestimmt werden. Für kleine Winkel kann man für diese Terme lineare Zusammenhänge finden.

Führt man die Rechnung nun konsequent weiter, dann erhält man wieder den im vorangegangen Kapitel hergeleiteten Zusammenhang. An dieser Stelle soll daher auf eine weitergehende Erklärung verzichtet werden.

Vielmehr wird jetzt eine weitere Größe, der Anstellwinkel der Flossen β, eingeführt (siehe Abb. 6.12).

Kräfte in Bahnrichtung
$$mv' = S\cos(\alpha) - G\cos(\gamma) - W(\alpha)$$

Kräfte senkrecht zur Bahn
$$mv\gamma' = A(\alpha) - R(\beta) + S\sin(\alpha) + G\sin(\gamma)$$

Momente um den Schwerpunkt

$$I_{CG}\vartheta'' = C_R(\beta) - C_M(\alpha) - C_D(\vartheta')$$

Bevor anhand Abb. 6.12 die Übertragungsgleichungen angegeben werden, soll erwähnt werden, dass besonders bei langen Raketen zusätzliche Schwingungen (entsprechend Abb. 6.11) auftreten können. Diese gedämpfte Eigenschwingung beeinflusst die in Abb. 6.12 bezeichneten Winkel und kompliziert damit die Übertragungsfunktionen. Hier soll diese Eigenschwingung nicht näher beachtet werden, so dass sich vereinfachte Kräftegleichungen wie folgt angeben lassen:

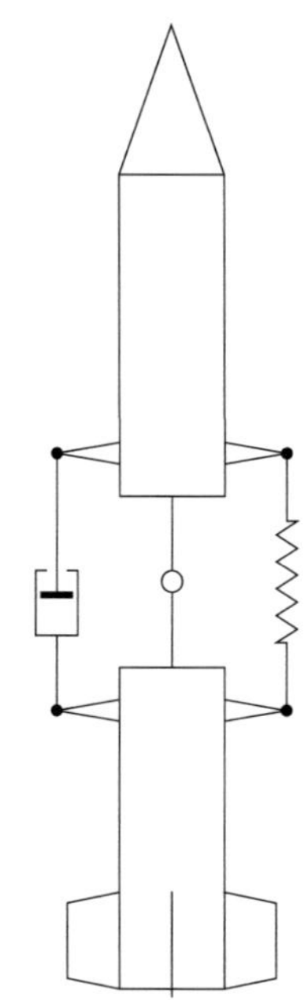

Abb. 6.11   Gedämpfte Längsschwingung

Kräfte in Bahnrichtung

$$mv' = S - G - W\alpha$$

Kräfte senkrecht zur Bahnrichtung

$$mv\gamma' = (A + S)\alpha - R\beta + G\gamma$$

Momente um den Schwerpunkt

$$I_{CG}\vartheta'' = C_R\beta - C_M\alpha - C_D\vartheta'$$

Auch bei diesen Gleichungen wurde eine Drehung im Uhrzeigersinn angenommen; die Winkel bezüglich der senkrechten Achse aber sind größer 0. Sowohl Ruderstellung als auch das Korrekturmoment (Der Druckpunkt liegt hinter dem Schwerpunkt.) wirken in Drehrichtung. Das Dämpfungsmoment wirkt stets gegen die Bewegungsrichtung.

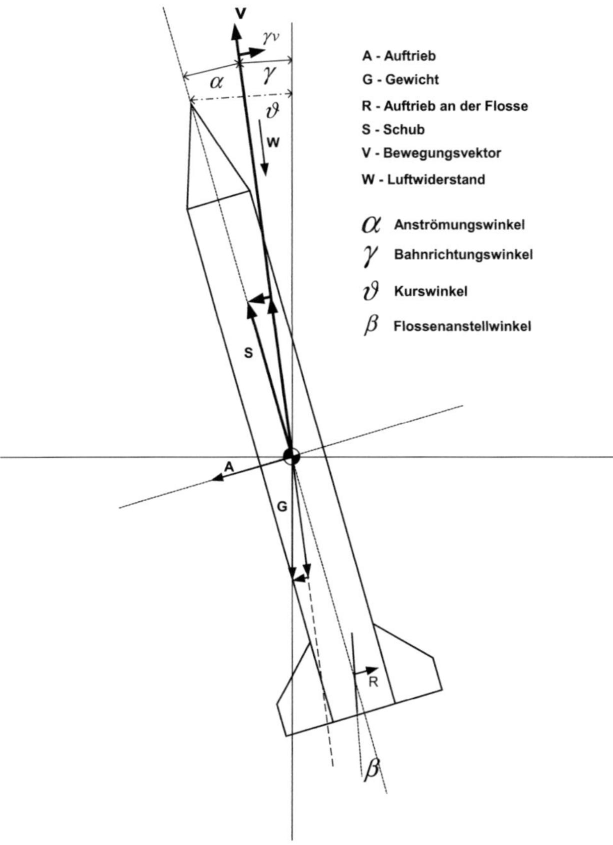

Abb. 6.12   Gesteuerte Rakete

Das Ziel der weiteren Umformungen ist das Bestimmen der Übertragungsfunktion der Regelstrecke $G(p) = \dfrac{X(p)}{Y(p)}$. Von den zwei offensichtlichen Regelgrößen (Kurs- und Bahnwinkel) soll hier zuerst der **Bahnwinkel** $x(t) = \gamma$ betrachtet werden. Die Stellgröße ist natürlich der Flossenausschlag $y(t) = \beta$.

Da $\vartheta = \alpha + \gamma = \alpha + x$ gilt, erhält man zunächst:

$$mvx' = (A + S)\alpha - Ry + Gx \qquad\qquad \textbf{(6-4)}$$

$$I_{CG}\left(\alpha'' + x''\right) = C_R y - C_M \alpha - C_D\left(\alpha' + x'\right) \qquad (6\text{-}5)$$

Gleichung (6-4) wird nach α umgestellt und nach der Zeit abgeleitet[14]:

$$\alpha = \frac{mvx' + Ry - Gx}{A + S} \qquad (6\text{-}6a)$$

$$\alpha' = \frac{mvx'' + Ry' - Gx'}{A + S} \qquad (6\text{-}6b)$$

$$\alpha'' = \frac{mvx''' + Ry'' - Gx''}{A + S} \qquad (6\text{-}6c)$$

Das Einsetzen der Gleichung (6-6) in Gleichung (6-5) führt zu:

$$I_{CG}\left(\frac{mvx''' + Ry'' - Gx''}{A + S} + x''\right) = \qquad (6\text{-}7)$$

$$C_R y - C_D\left(\frac{mvx'' + Ry' - Gx'}{A + S} + x'\right) - C_M \frac{mvx' + Ry - Gx}{A + S}$$

In den nächsten Schritten werden die einzelnen Terme nach den Signalen $x(t)$ und $y(t)$ sortiert.

$$I_{CG}mvx''' + I_{CG}\left(A + S - G\right)x'' + I_{CG}Ry'' = \qquad (6\text{-}8)$$

$$C_R\left(A + S\right)y - C_D mvx'' - C_D Ry' - C_D\left(A + S - G\right)x'$$

$$-C_M mvx' - C_M Ry + C_M Gx$$

Nach dem Ordnen der Terme erhält man folgende Gleichung als Ergebnis:

$$I_{CG}mvx''' + \left[I_{CG}(A+S-G)+C_D mv\right]x'' + \left[C_D(A+S-G)+C_M mv\right]x' - C_M Gx =$$

$$-I_{CG}Ry'' - C_D R\,y' + \left[C_R(A+S)-C_M R\right]y$$

Mittels Laplace-Transformation erfolgt die Darstellung im Frequenzbereich.

$$I_{CG}mvp^3 X(p) + \left[I_{CG}(A+S-G)+C_D mv\right]p^2 X(p) + \left[C_D(A+S-G)+C_M mv\right]p X(p)$$

$$-C_M G\,X(p) = -RI_{CG}p^2 Y(p) - C_D R\,pY(p) + \left[C_R(A+S)-C_M R\right]Y(p)$$

Das Umstellen führt zur gesuchten Übertragungsfunktion für den **Bahnwinkel** (6-9):

$$\boxed{\begin{aligned} G(p) &= \frac{X(p)}{Y(p)} = \\[2mm] &\frac{C_R(A+S)-C_M R-C_D R\,p-I_{CG}Rp^2}{-C_M G+\left[C_D(A+S-G)+C_M mv\right]p+\left[I_{CG}(A+S-G)+C_D mv\right]p^2+I_{CG}mvp^3} \end{aligned}} \qquad (6\text{-}9)$$

Zum Aufstellen der Übertragungsfunktion für den Kurswinkel geht man den gleichen Weg.

Es ist $\vartheta = x$ und damit erhält man zunächst:

$$I_{CG}x'' = C_R y - C_M \alpha - C_D x'$$

Es folgt das Umstellen nach α:

$$\alpha = \frac{C_R y - I_{CG}x'' - C_D x'}{C_M} \qquad \textbf{(6-10)}$$

Mit $\gamma = x - \alpha$ lautet die Gleichung (6-4) wie folgt:

$$mv(x' - \alpha') = (A+S)\alpha - Ry + G(x-\alpha) \qquad \textbf{(6-11)}$$

Das Einsetzen von (6-10) in (6-11) führt zu:

---

[14] Die Anströmgeschwindigkeit wird als konstant angenommen.

$$mv\left(x' - \frac{C_R y' - I_{CG} x''' - C_D x''}{C_M}\right) =$$

$$(A+S)\frac{C_R y - I_{CG} x'' - C_D x'}{C_M} - Ry + G\left(x - \frac{C_R y - I_{CG} x'' - C_D x'}{C_M}\right)$$

Weiteres Umformen und Ordnen ergeben:

$$mvI_{CG} x''' + \left[mvC_D + (A+S-G)I_{CG}\right]x'' + \left[mvC_M + (A+S-G)C_D\right]x' - GC_M x =$$

$$\left[(A+S-G)C_R - RC_M\right]y + mvC_R y'$$

Es folgt die Laplace-Transformation:

$$\left\{mvI_{CG}p^3 + \left[mvC_D + (A+S-G)I_{CG}\right]p^2 + \left[mvC_M + (A+S-G)C_D\right]p - C_M G\right\}X(p) =$$

$$\left[(A+S-G)C_R - RC_M + mvC_R p\right]Y(p).$$

Das Ergebnis ist die Übertragungsfunktion für den **Kurswinkel** (6-10):

$$\boxed{\begin{aligned} G(p) &= \frac{X(p)}{Y(p)} \qquad\qquad\qquad\qquad\qquad\qquad (6\text{-}10)\\[2mm] &= \frac{(A+S-G)C_R - RC_M + mvC_R p}{-C_M G + \left[mvC_M + (A+S-G)C_D\right]p + \left[mvC_D + (A+S-G)I_{CG}\right]p^2 + mvI_{CG}p^3} \end{aligned}}$$

Mit diesen beiden Gleichungen kann das Verhalten der Rakete charakterisiert werden. An dieser Stelle soll nur auf zwei wichtige Sachverhalte hingewiesen werden, die sich direkt aus den beiden Gleichungen (6-9) und (6-10) ableiten lassen.

Das Zählerpolynom der Gleichung (6-9) besitzt mehrere Terme mit negativen Vorzeichen. Dies weist auf einen Allpass-Anteil der Übertragungsfunktion hin. Dieser Allpass-Anteil führt zu einen charakteristischem Kurvenverlauf, der vor allem dann sichtbar wird, wenn die Masse des bewegten Objekts nicht überdurchschnittlich groß ist. Wie sich der Allpass-Anteil konkret äußert, soll anhand von Simulationsbeispielen weiter unten erläutert werden.

Der letzte Term im Nenner von Gleichung (6-10) ist das Element, welches für die Stabilität einer ungesteuerten Rakete ausschlaggebend ist. Im Sinne der Regelungstechnik ist $-C_M G$ für eine monotone Instabilität der Bewegung verantwortlich.

Bei einer ungesteuerten Rakete wird die Komponente mit den Formeln von Barrowman unwirksam; die Lage von Druckpunkt und Schwerpunkt zueinander bestimmt das Vorzeichen von C_M, der Abstand zwischen beiden bestimmt die Größe von C_M.

Beim lagegeregelten Flug einer Rakete beseitigt der Regler die monotone Instabilität.

Da die Formel 6-9 für den praktischen Gebrauch etwas unhandlich ist, soll ein Blockschaltbild (Abb. 6.13) angegeben werden. Dem Leser werden die verkoppelten Vorgänge hier schneller deutlich. Dieses Blockschaltbild diente dem Autoren als Grundlage für die Implementierung einer Simulation zur Lageregelung um den Schwerpunkt.

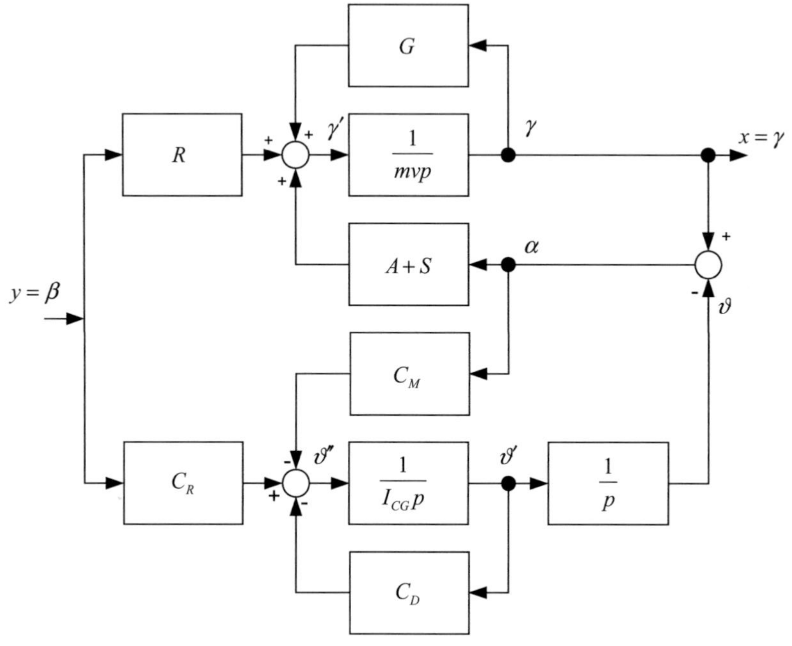

Abb. 6.13   Blockschaltbild der Regelstrecke „Rakete"

Die Darstellung zeigt deutlich, dass über den Anströmungswinkel α beide Gleichungen miteinander verbunden sind. Der Grad der Verkopplung kann auch über die Größe des Korrekturmoments C_M beeinflusst werden. C_M resultiert wiederum aus dem Abstand zwischen Schwerpunkt und Druckpunkt.

Liegen Schwerpunkt und Druckpunkt nahe beieinander, wirken die beiden Gleichungen fast unabhängig voneinander. Die Regelung des Kurswinkels wird einfacher. Die Seitwärtsbewegung des Schwerpunkts hat einen nur untergeordneten Einfluss. Bei der Realisierung einer solchen Rakete begibt man sich aber abseits der gewohnten Pfade, die eine Kaliberstabilität von größer 1 verlangen.

Die folgende Abbildung zeigt den Einsatz zweier verschiedener Regler an ein und derselben Regelstrecke entsprechend dem in Abb. 6.13 gezeigten Blockschaltbild. In beiden

Fällen startet die Rakete auf einer schrägen Startrampe. Die Neigung beträgt 45°. Die Lageregelung soll die Rakete in einen senkrechten Flug überführen, d.h. der (Neigungs-) Sollwert ist 0. Beim Verlassen der Startrampe sind Bahn- und Kurswinkel gleich 45°.

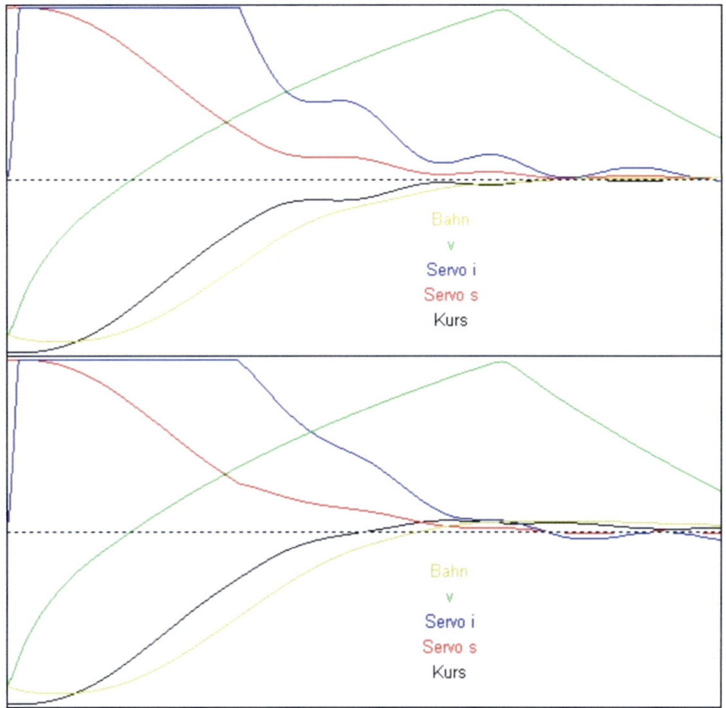

Abb. 6.14   Lageregelung einer Rakete um den Schwerpunkt

Im oberen Teil kam ein einfacher P-Regler zum Einsatz. Im unteren Teil wurde ein PI-Regler eingesetzt. Insgesamt sieht man, dass sich die gestellte Aufgabe in beiden Fällen mehr oder weniger gut erfüllen lässt.

Die einzelnen Größen sind jeweils auf den vollen Bereich skaliert. Servo-Ist und Servo-Soll unterscheiden sich etwa um den Faktor 5. Der Stellbereich für den Servo liegt bei ±10° (gerade Platte; Modell nach Barrowman). Der aufmerksame Leser wird aber feststellen, dass der Bereich zu groß gewählt ist, da die Rakete sich dreht und damit eine zusätzlich schräge Anströmung entsteht. In den obigen Beispielen liegt der maximale

Anströmungswinkel bei ca. 20°. In der Praxis sollte der maximale Stellwinkel deshalb auf kleine Werte begrenzt werden, so lange man sich nicht über die Wirkung auf die Rakete im Klaren ist.

Betrachtet man die Kurven etwas genauer, wird man etwas Unverständliches entdecken. Im Gegensatz zum Kurswinkel, der sich sofort in Richtung Nullachse verringert, nimmt der Bahnwinkel zunächst um 1° bis 2° zu. D.h. er bewegt sich in entgegengesetzter Richtung. Dieser Effekt wird durch den zuvor erwähnten Allpass-Anteil verursacht. Als Formel lässt sich ein einfacher Allpass-Anteil wie folgt darstellen: $G(p) = \dfrac{1 - pT}{1 + pT}$. Zähler und Nenner besitzen im Endlichen die gleiche Anzahl an Zeitkonstanten; die Terme unterscheiden sich nur im Vorzeichen. Die Konsequenz daraus ist, dass den Polstellen (Nenner) ein entsprechende Anzahl von Nullstellen (Zähler) gegenübersteht. Ein Allpass zeigt keine Amplitudenänderung in Abhängigkeit von der Frequenz. Es tritt aber eine Phasenverschiebung auf.

Die nächste Abbildung zeigt den Einsatz eines Dreipunktglieds als Lageregler.

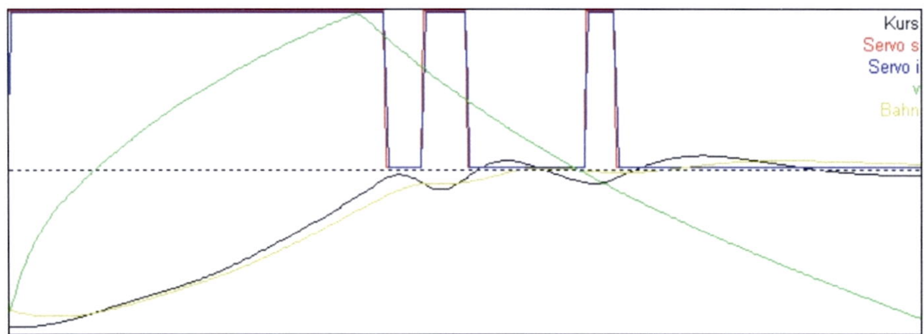

Abb. 6.15   Lageregelung einer Rakete um den Schwerpunkt mittels Dreipunktglied

Im Gegensatz zu den vorstehenden Beispielen (Abb. 6-14) wurde die Abtastzeit auf das Fünffache (25ms) erhöht. Der maximale Stellwert des Servos wurde auf 5° begrenzt. Der fast senkrechte Flug wird nach zwei Dritteln der Schubphase erreicht. Dies entspricht in etwa der Zeit, die auch beim Einsatz der PI-Regler benötigt wird.

Die Schaltungsstruktur für die Lageregelung mit einem Dreipunktglied und starrer Rückführung wurde in Abb. 6.9 angegeben. Im vorliegenden Fall muss die Strecke natürlich gegen das Blockschaltbild Abb. 6-13 ausgetauscht werden. Obwohl es sich bei dem Dreipunktglied um einen einfachen „Regler" handelt, soll eine Implementierungsvorschrift hier angegeben werden. Außerdem wird das Zusammenspiel von Regler, Servo und Regelstecke (Rakete) angedeutet.

Lösungsvorschlag Dreipunktglied

```
double Sim_DPG::calc(double E) {
double out;

  if (E <= AP1) {
    A1 = FALSE;
  }
  if (E >= EP1) {
    A1 = TRUE;
  }
  if (E >= AP2) {
    A2 = FALSE;
  }
  if (E <= EP2) {
    A2 = TRUE;
  }

  if (!A1&&!A2) {
    out = 0;
  } else {
    out = (A1) ? dServoMax : -dServoMax;
  }
  return out;
}

void Sim_DPG::limits(double ein, double aus, double smax) {
  dServoMax = smax;
  AP1 = aus;         // Ausschaltpunkt
  EP1 = ein;         // Einschaltpunkt
  AP2 = -AP1;
  EP2 = -EP1;
};
```

Die beiden Funktionen sind fast selbsterklärend, so dass keine umfassende Kommentierung erfolgt. Das Dreipunktglied besitzt getrennte Ein- und Ausschaltgrenzen. Damit kann es mit einer Hysterese versehen werden.

Im realen Einsatz kommt man mit der Funktion *calc* aus. Wenn ein Servo als Stellglied zum Einsatz kommt, dann gibt die Funktion den Stellwert für den Servo vor. Will man die Flossen mittels Motor in eine von zwei Endlagen bewegen, so kann man die boolschen Ausgänge A1 und A2 nutzen. A1 bedeutet dann z.B. linker Anschlag und A2 rechter Anschlag.

Für die Simulation wurde das Modell eines Servos wie nachstehend implementiert.

Lösungsvorschlag Servo

```
double Sim_SERVO::calc(double alphaSoll) {

  double xw = alphaSoll-dAlphaIst;
  double direction = dpg.calc(xw);
  if (direction!=last_direction) {
    pt1.reset();
  }

  last_direction = direction;
  double speed = pt1.calc(dDynServo);       /* °/s */
  speed *= direction;
  double winkel = speed * pt1.TZ;           /* °   */

  // Integration
  if (alphaSoll>=dAlphaIst && alphaSoll<=dAlphaIst+winkel ||
    alphaSoll<=dAlphaIst && alphaSoll>=dAlphaIst+winkel) {
    dAlphaIst = alphaSoll;
  } else {
    dAlphaIst += winkel;
  }

  // Begrenzung
  if (dAlphaIst < -dMaxServo) {
    dAlphaIst = -dMaxServo;
  }
  if (dAlphaIst > dMaxServo) {
    dAlphaIst = dMaxServo;
  }
  return dAlphaIst;
}
```

Der Servo besteht aus einem Dreipunktglied zum Bestimmen der Drehrichtung.

Es schließt sich ein Verzögerungsglied an, welches verhindert, dass der Servo mit voller Geschwindigkeit startet.

Die Geschwindigkeit wird pro Zeitschritt integriert und auf den maximalen Stellwert begrenzt.

Zusammenspiel der Komponenten

Bei der Modellierung macht die Berechnung der Regelstrecke (Rakete) den umfangreichsten Teil aus. Dafür kamen ausschließlich die in den vorangegangenen Kapiteln dargestellten Formeln zu Einsatz.

```cpp
int SimuCGDP::calc(int anz, double *kurswinkel, double
*bahnwinkel, double *servosoll, double *servoist) {

double dKursSoll = 0;

  // Bahnwinkel = Kurswinkel (auf der Rail gleich)
  dTheta = dOmega;

  for (int i=0; i<anz; i++) { // Über alle Zeitschritte

    double t = i*TZ, v, masse, schub;

    double alpha = Servo.Ist();

    get_flight_data(t/*ms*/,v/*m/s*/,masse/*kg*/,schub/*N*/);

    Kurswinkel[i] = strecke(Servo.Ist(), v, schub, masse);

    double xw = dKursSoll - Kurswinkel[i]]; // Regelabweichung

    double Servo_Soll = Regler.calc(xw);

    servoist[i]   = Servo.calc(Servo_Soll);
    servosoll[i]  = Servo_Soll;
    bahnwinkel[i] = dOmega;
  }
}
```

Im Anhang sind weitere Simulationsergebnisse angegeben, bei denen der Abstand zwischen Druck- und Schwerpunkt variiert wurde. Beim Betrachten der Diagramme wird man feststellen, dass die besten Ergebnisse augenscheinlich erreicht werden können, wenn Druck- und Schwerpunkt nahe beieinander liegen. Entsprechend Blockschaltbild (6-13) führt dies nahezu zur Entkopplung der beiden Gleichungen.

Messen der Neigung

Nachdem jetzt der Hintergrund für eine erfolgreiche Lageregelung etwas beleuchtet wurde, wird der Leser feststellen, dass noch ein wesentliches Element fehlt. Zum Bestimmen der Rollgeschwindigkeit wird ein GYRO eingesetzt. Dieser liefert die Winkelgeschwindigkeit direkt. Solche Sensoren sind in der Größe von Schaltkreisen auf dem Markt verfügbar.

Will man Neigungsbewegungen steuern oder regeln, so kann man ebenfalls GYROs oder Beschleunigungssensoren einsetzen. Beide haben aber einen wesentlichen Nachteil. Da sie ein nach der Zeit abgeleitetes Signal liefern, ist eine schrittweise Integration (und Fehlerabschätzung) unbedingt notwendig. Da die Regelung insgesamt schon hohe Anforderungen stellt, ist der Autor der Meinung, dass man sich mit dieser Aufgaben erst belasten sollte, wenn es keine anderen Möglichkeiten gibt.

An dieser Stelle sollen deshalb andere Möglichkeiten angesprochen werden. Inwieweit diese durch den Amateur nutzbar sind, kann der Autor zu diesem Zeitpunkt leider noch nicht einschätzen.

Das Instrument, welches einem zuerst zur Bestimmung von Neigungs- und Gierwinkel in den Sinn kommt, ist der Kreisel. Dabei werden entsprechend den physikalischen Wirkprinzipien verschiedene Sensoren unterschieden. Neben dem klassischen mechanischen Kreisel gibt es z.B. faseroptische Kreisel, Ringlaserkreisel usw. Die verschiedenen Sensoren unterscheiden sich neben Messbereich, Auflösung,

Linearitätsfehler, g-abhängiger Drift und Masse natürlich auch erheblich im Preis. Einführende Erläuterungen findet man u.a. in [IMAR].

Ausführungen zu mechanischen Kreiseln insbesondere zu deren Einbindung in die Regelung werden in [Oppelt] beschrieben. In den Darstellungen der mechanischen Kreiselvarianten wird deutlich sichtbar, dass der betreffende Winkel direkt abgegriffen bzw. ein verrechenbares Maß für ihn ermittelt werden kann. Die hohen Ansprüche an die Konstruktion und den mechanischen Aufbau des Kreisels lassen ihn für den Amateur als sehr ambitioniertes Eigenbauprojekt erscheinen. Nur wenn diese Anforderungen auch erfüllt werden, können mit dem Kreisel brauchbare Messergebnisse ermittelt werden. Nicht bedacht sind dabei Fragen des Abgleichs, des Auswuchtens und der Gleichlaufstabilität. Hat man vor, eine Rakete im Sinne eines Marschflugkörpers zu steuern, so kommt man um die Beantwortung dieser Fragen nicht herum, oder man muss zu teuren kommerziellen Systemen greifen.

Da der Autor vor dieser Aufgabe nicht steht, muss eine alternative Lösung gefunden werden. In der Praxis werden zur Bestimmung des Gipfelpunktes Magnetfeldsensoren eingesetzt. Beschäftigt man sich etwas intensiver mit den entsprechenden Applikationshinweisen, sieht man schnell, dass diese Sensoren nur bestimmte Neigungswinkel *vertragen* und dann schnell sehr ungenau werden. Der Autor ging dann der Idee nach, ob mit einer orthogonalen Anordnung mehrerer derartiger Sensoren die Bestimmung der gewünschten Winkel möglich ist.

Beim Vergleich verschiedener Magnetfeldsensoren zeigte sich, dass es Hersteller gibt, die bereits 3D-Sensoren anbieten. Die Daten für die drei gemessenen Werte der Feldstärke werden dann aber nicht mehr als analoge Signale geliefert. Vielmehr werden diese Werte über eine serielle Schnittstelle abgefragt. Per Befehl wird die Messung gestartet. Ist sie beendet, müssen die drei Messwerte dann nacheinander ausgelesen werden. Da der Auslesevorgang unter 1ms liegt, kann diese Zeit vernachlässigt werden. Nicht ganz einfach wird sich allerdings die Umrechnung der Feldstärke in Koordinaten darstellen, da hier trigonometrische Gleichungen gelöst werden müssen. Der eingesetzte µ-Controler sollte deshalb Operationen im floating-point Format unterstützen.

Mit den so ermittelten Koordinaten kann die Regelabweichung der Rakete jeweils für die Gierachse und Nickachse bestimmt werden. Für beide Achsen kommt jeweils ein eigenständiger Regler zum Einsatz. Die berechneten Stellwerte werden summiert und an die Servos ausgegeben. Voraussetzung für die Verfahrensweise ist, dass die Rakete keine Drehung um die Längsachse ausführt. Ein dritter Regler muss also zuvor sicherstellen, dass die Rollbewegung der Rakete sehr gering ist.

Aufgrund der unterschiedlichen Trägheitsmomente bezüglich Bewegungen um Schwerpunkt und Längsachse empfiehlt es sich, die entsprechenden Regler verschiedenen Rechentasks zuzuordnen. Einige Anmerkungen zur rechentechnischen Umsetzung macht das folgende Kapitel.

Ausblick

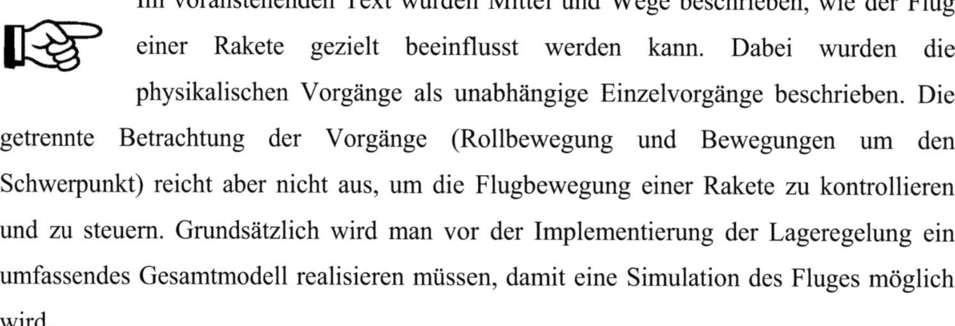

Im voranstehenden Text wurden Mittel und Wege beschrieben, wie der Flug einer Rakete gezielt beeinflusst werden kann. Dabei wurden die physikalischen Vorgänge als unabhängige Einzelvorgänge beschrieben. Die getrennte Betrachtung der Vorgänge (Rollbewegung und Bewegungen um den Schwerpunkt) reicht aber nicht aus, um die Flugbewegung einer Rakete zu kontrollieren und zu steuern. Grundsätzlich wird man vor der Implementierung der Lageregelung ein umfassendes Gesamtmodell realisieren müssen, damit eine Simulation des Fluges möglich wird.

Ein solches Gesamtmodell ist in der Abbildung (Abb. 6.16) angegeben; es wird in [DLR] genauer beschrieben. Da es für einen wesentlich komplizierteren Einsatzfall vorgesehen ist, sind Vereinfachungen möglich und angebracht.

Für Anwendungen mit Experimentalraketen kann das Atmosphärenmodell einfach gehalten werden, da hier meist in Höhen geflogen wird, in denen eine *dichtere* Atmosphäre vorhanden ist.

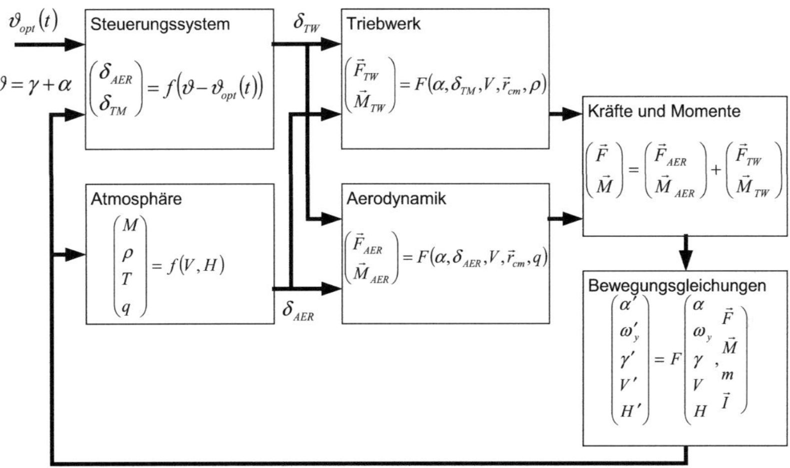

Abb. 6.16   Gesamtmodell nach [DLR]

Auch auf eine umfangreiche Triebwerkssimulation kann verzichtet werden, da die eingesetzten Triebwerke nicht steuerbar sind (sofern Feststoffmotoren einsetzt werden). Die leistungsoptimierte Regelung des gesamten Fluges (beim Einsatz von Hybrid-Motoren) zum Erreichen großer Flughöhen (unter Ausnutzung des geringeren Luftwiderstandes in den größeren Höhen) ist für Amateure sicherlich nicht realistisch.

Unabhängig von den Vereinfachungen bleiben die Ermittlung der Kräfte und Momente sowie das Lösen der Bewegungsgleichungen als Aufgabe bestehen. Möglichkeiten dazu wurden im Text beschrieben.

Wenn man *nur* an einer senkrechten Ausrichtung der Rakete nach einem Start von einer schrägen Startrampe interessiert ist, reicht eine konstante Kursvorgabe. Nick- und Gierwinkel sollen 0° betragen. Will man aber mehr, muss man während des Fluges in Abhängigkeit von der Position den jeweils neuen Kurs berechnen und diesen Kurs als

Sollwert für die Regler benutzen. Je nach persönlichem Anspruch wird man hier das Steuerungssystem entsprechend umfangreich realisieren müssen. Sollte man die Realisierung eines solchen *Marschflugkörpers* planen, bietet sich neben temperaturkompensierten Sensoren zur Lageregelung auch der Einsatz eines GPS-Moduls an. Man erhält dann die Möglichkeit, die außerhalb der Rakete herrschende Windgeschwindigkeit und die Windrichtung zu ermitteln, so dass man diese Informationen wiederum für eine Kurskorrektur nutzen kann.

Dies alles wird nur mit nicht unerheblichen Kosten realisierbar sein, so dass es sinnvoll ist, auch bei der Rechentechnik Redundanzen vorzusehen. Üblicherweise sollte z.B. ein Regler von drei verschiedenen Personen nach verschiedenen Ansätzen implementiert werden. Liefern zwei der Algorithmen die gleichen Ergebnisse, kann man sie wahrscheinlich als richtig annehmen.

Neben diesen sicherheitsrelevanten Aspekten der Rechentechnik gibt es bei der Implementierung von Steuerungen und Regelungen weitere Anforderungen zu beachten. Auf diese soll im folgenden Kapitel eingegangen werden.

7   Fragen zur rechentechnischen Umsetzung

Dieses Kapitel war anfänglich nicht geplant. Diskussionen in Internetforen zeigten dem Autor, dass doch ein gewisser Bedarf an grundsätzlichen Bemerkungen besteht. Der Entwurf einer elektronischen Schaltung ist nur ein kleiner Schritt. Mit dem sich anschließenden Programmieren der Hardware müssen noch viele weitere Schritte getan werden. Vielleicht können die nachstehenden Anmerkungen den Leser auf ein paar neue Aspekte hinweisen. Die Gedanken stammen zum großen Teil aus [TRU].

Der Echtzeitkern

Moderne µ-Rechnerregler besitzen meist einen Echtzeitkern, der den Zugriff auf die Hardware durch die Anwenderprogramme kontrolliert. Basis für die Funktionalität eines Echtzeitkerns kann der *Standard Specification for Microprocessor Operating Systems Interfaces* [MOSI] sein.

Der Echtzeitkern gewährleistet erstens die Unabhängigkeit von einer speziellen Zielhardware und zweitens ist er modifizier- und erweiterbar. Der Echtzeitkern verwaltet Tasks (Anwender- und Systemtasks). Jeder Task sollte eine eindeutige Priorität besitzen, so dass deren Verwaltung effizient gestaltet werden kann. Die Systemtasks verfügen gegenüber den Anwendertasks über eine höhere Priorität. Die Taskumschaltung kann preemptiv erfolgen, d.h. ein höher priorisierter Task verdrängt einen mit niederer Priorität. Zusammen mit der Vergabe eindeutiger Taskprioritäten ist damit eine wesentliche Voraussetzung für eine stabile Grundfunktionalität des Echtzeitkerns gegeben.

In Abbildung 7.1 wird der schichtenweise Aufbau einer Gesamtlösung (SPS-Betriebssystem, Ressourcenverwaltung und Anwenderprogramme) dargestellt. Gleichzeitig ist die funktionelle Einteilung des Echtzeitkerns erkennbar. Alle Komponenten außer der Journalbehandlung (Jour) werden als selbständige Systemtasks installiert.

Die Ressourcenverwaltung kann bei der Festlegung auf eine Zielapplikation (z.B. Raketensteuerung) entfallen. Die Anwendungen *Anw. 1* und *Anw. 2* sind Beispiele für einzelnen Aufgaben der Gesamtapplikation. *Anw. 1* beinhaltet z.B. die Lageregelung und *Anw. 2* ist für die Auswurfautomatik zuständig.

Anw. 1	Anw. 2					
Ressourcenverwaltung						
Taskverwaltung (Scheduler)						
Zeitgeber	Ereignis	Nachrichten	Jour	Tastatur	Debugger	HG
Timer	Event	V24	PB	Console		
Hardware						

Abb. 7.1   Die Anordnung der Systemtasks
V24 - serielle Punkt zu Punktverbindung, PB - Profibus, HG - Hintergrundtask

Im Sinne kurzer Taskwechselzeiten[15] und eines geringen Overheads bei der Verwaltung der Tasks kann man bei der Entwicklung des Betriebssystemkerns folgende Prämissen setzen:

- Der Echtzeitkern arbeitet preemptiv.

- Jeder Task wird mit einer eindeutigen Priorität erzeugt; es gibt keine zwei Tasks, deren Prioritäten gleich sind.

- Die Anwendertasks besitzen generell eine geringere Priorität als die Systemtasks.

- Die durch das Betriebssystem durchzuführende Fehlerbehandlung ist in der Lage, fehlerhaft arbeitende Tasks zu erkennen und gegebenenfalls zu deaktivieren oder neu zu starten.

Folgende Systemtasks sind vorstellbar:

---

[15] Auf einem 486/66 werden Taskwechselzeiten von 9 µs erreicht, dabei wird eine vollständige Kontextumschaltung (inklusive Co-Prozessor) durchgeführt.

- Zeitgebertask

- Ereignistask

- Kommunikationstask für V24 / PROFIBUS / CAN

- Bedien- (und Visualisierungs-) task

- Ausnahmetask

- Debugtask

- Hintergrundtask

Die Reihenfolge der angegebenen Tasks kann der Priorität der Tasks entsprechen. Zusätzlich wird durch das Betriebssystem ein Hintergrundtask installiert, der mit der geringsten Priorität dann ausgeführt wird, wenn alle anderen Task entweder blockiert sind oder sie nicht auf das Betriebsmittel *Prozessor* warten.

Die Aufgaben und die wichtigsten Merkmale der einzelnen Systemtasks werden in der Tabelle 7.1 erläutert. Allen aufgeführten Systemtasks sind entsprechende System-Handler zugeordnet. Diese System-Handler reagieren auf eingehende Unterbrechungsanforderungen und aktivieren den zugehörigen Task (*rechenbereit*). Über den Aufruf der Ablaufsteuerung wird versucht, diesen Task zu starten, vorausgesetzt er besitzt eine höhere Priorität als der gerade laufende Task.

Task	Aufgabe / Merkmale
Zeitgebertask	Zeitbasis für Scheduler Bereitstellen der Basiszeit
Ereignistask	Behandlung von Einzelereignissen
Kommunikationstask	Bedienung der seriellen Kommunikation Entgegennahme eingehender Aufträge Überprüfung offener Sendeaufträge Vorverarbeitung und Anpassung der Daten für die Anwenderprogramme
Bedientask	Vor-Ort-Bedieneinheit Parametrierung von Anwenderprogrammen Darstellung ausgewählter Prozessvariablen
Ausnahmetask	Ausnahmebehandlung Behandlung von Fehlersituationen Versuch der Fehlerbeseitigung
Debugtask	unterstützt das kontrollierte Abarbeiten von Anwenderprogrammen
Hintergrundtask	arbeitet, wenn kein anderer Task aktiv ist

Tab. 7.1   Übersicht über die verwendeten Systemtasks

Anlaufverhalten

Beim Betrieb eines Automatisierungsobjektes muss mit der Unterbrechung der Energieversorgung gerechnet werden. Ein μ-Rechnerregler muss auf eine Betriebsspannungsunterbrechung reagieren können. Der Anwender sollte unter Beachtung der Forderungen durch den technologischen Prozess festlegen können, wie sich der μ-Rechnerregler nach dieser Unterbrechung verhalten soll.

Innerhalb des Anwenderprogramms sind verschiedene Anforderungsvarianten vorstellbar (siehe dazu [TRU]). Für den Fall einer Raketensteuerung sollte der Wiederanlauf nach Spannungsausfall besser nicht notwendig sein.

Ausnahmebehandlung

Aussagen zur Fehler- und Ausnahmebehandlung erfolgen in [TechRep3]. Die darin vorgesehene Behandlung von Laufzeitfehlern erfolgt nicht einheitlich. Entsprechend der Ausbaustufe des Betriebssystems werden nachstehende Möglichkeiten aufgeführt:

- Ignorieren
- Erkennen und Melden
- Erkennen, Melden und Reagieren

Mögliche Laufzeitfehler werden in Tabelle 7.2 zusammengefasst.

Fehlerursache	Behandlung
Wertebereich verletzt	Anweisung ignorieren
Division durch Null	Maximalwert zuweisen
Datentypeninkonsistenz	Anweisung ignorieren; Initialwert zuweisen
Positionierungsfehler	Anweisung ignorieren
Speicher	Wiederholung der Betriebsmittelanforderung
Scheduling	fehlerhafte Tasks entfernen
Time-Out	begrenzte Anzahl von Wiederholungsversuchen

Tab. 7.2 Durch das Anwenderprogramm ausgelöste Laufzeitfehler

Eine ausführlichere Betrachtung erfolgt wieder in [TRU]. Die Raketensteuerung sollte Fehler und Ausnahmen erkennen und auf diese reagieren können.

Prozessankopplung

Die Ankopplung der µ-Rechnerregler an den zu automatisierenden Prozess wird durch eine Vielzahl von Anforderungen geprägt. Bei den folgenden Betrachtungen wird auf die Hardware-Aspekte eingegangen, die wesentliche Auswirkungen auf die verwendeten Regelungs- und Steuerungsalgorithmen haben. Die Ankopplung an den technologischen Prozess bestimmt daher in einem erheblichen Maß die Schnittstellen, die als Mittler zwischen Software und Hardware des Gesamtsystems fungieren. Eine Einstellung nach Art der Informationsgewinnung wurde in Tabelle 7.3 vorgenommen.

Informations-gewinnung durch	Bemerkung	Beispiel
passive Baugruppe	Die Baugruppe muss durch die CPU verwaltet und gesteuert werden.	einfache AD-Umsetzer-Karte
aktive Baugruppe	Es handelt sich um eine eigenständige Baugruppe, die in der Lage ist, Ereignisse an die CPU zu melden.	Zähler, Timer, AD-Umsetzer-Karten Bus-Koppelkarten
autarke Baugruppe	Die Ankopplung erfolgt über ein spezielles Interface.	Smartsensor

Tab. 7.3   Möglichkeiten zur Informationsgewinnung

Für die Informationsnutzung stehen der Informationsgewinnung entsprechende Möglichkeiten bereit. Informationsgewinnung und -nutzung erfolgen zu diskreten Zeitpunkten. Die Modellierung des Übertragungsverhaltens erfolgt entsprechend Abbildung 7.2. Regler und Strecke werden jeweils um einen Abtaster und ein Halteglied 0. Ordnung erweitert werden. Vorausgesetzt wird für die nachstehenden Betrachtungen weiterhin, dass das im Regler nachgebildete Übertragungsglied ein endliches Gedächtnis hat.

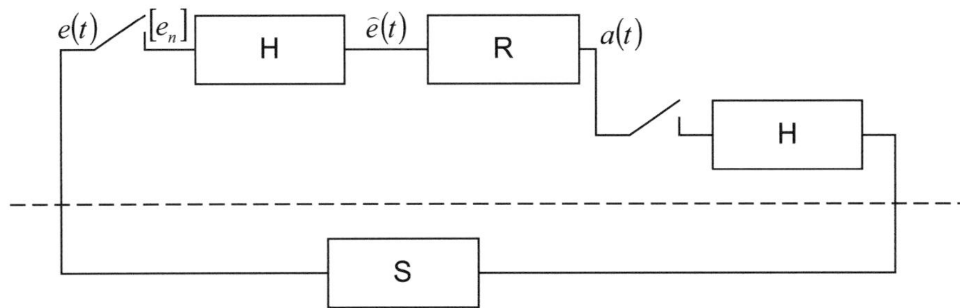

Abb. 7.2 Modell des zugrundegelegten Regelkreises
R - Regler, S - Strecke, H - Halteglied

Mit Hilfe der Z-Transformation lässt sich $G_R(p)=\dfrac{a(t)}{e(t)}$ in $G_R^*(z)=\dfrac{X_a^*(z)}{X_e^*(z)}$ überführen.

Gleichzeitig gilt für die Übertragungsfunktion des Reglers $G_R^*(z)=\dfrac{T(z)}{R(z)}$. Der auf die Strecke auszugebende Wert der Ausgangswertefolge X_a^* berechnet sich wie folgt:

$$a_n = \beta_0 e_n + \sum_{l=1}^{N}\left(\alpha_l a_{n-l} + \beta_l e_{n-l}\right). \hspace{3cm} \textit{(7-1)}$$

Die Koeffizienten α und β können für diskontinuierliche Übertragungsglieder mit endlichem Gedächtnis (N) leicht hergeleitet werden [Bur84]. Die sich aus Gleichung 7-1 ergebenden Schlußfolgerungen für die Implementierung sind:

- Informationsgewinnung, -verarbeitung und -nutzung müssen *quasi* gleichzeitig erfolgen.

- Mit steigender Abtastrate nähert sich der Verlauf der Ausgangsfolge dem kontinuierlichen Signalverlauf.

Allgemein ist weiterhin zu beachten:

- Die Informationsgewinnung muss dem Shannon'schen Abtasttheorem genügen, d.h. die Abtastfrequenz muss mindestens doppelt so groß sein wie die größte in der abgetasteten Prozessgröße e(t) enthaltene Frequenz.

- Wenn die Wertefolge der abgetasteten Prozessgröße e(t) nicht auf einer konstanten Tastzeit ($e(t) = e(kT_{tast}) \rightarrow \{e_k\}$ mit k=0,1,2,...) basiert, dann muss für jeden abgetasteten Wert der Zeitpunkt t_k, an dem die Abtastung erfolgte, bestimmt werden:

$$e(t) \rightarrow \{e_k, t_k\}.$$

Unter Beachtung dieser Voraussetzungen ergeben sich folgende Anforderungen an die Hardware:

- System-Handler oder Hardware-Treiber müssen so implementiert werden, dass sie
  - keine blockierende Funktionalität besitzen und
  - sehr schnell abgearbeitet werden.
- Bei autark arbeitenden Baugruppen muss zu einem beliebigen Wert des Prozesssignals der Zeitpunkt der Abtastung ermittelbar sein:
  - Die Baugruppe stellt eine Zeitangabe zur Verfügung.
  - Der Zeitpunkt ist berechenbar.
  - Die Differenz zum tatsächlichen Zeitpunkt ist vernachlässigbar.
- Länger dauernde Vorgänge müssen in einzelne Teilabschnitte zerlegt werden, d.h. für AD-Umsetzer-Karten müssen Zustandsmaschinen konstruiert werden. Eine Messung wird bei entsprechender Kenntnis der Umsetzzeit so angestoßen, dass das Ergebnis dann zur Verfügung steht, wenn es benötigt wird.
- Die für die Kopplung mit dem technologischen Prozess eingesetzte Hardware muss in der Lage sein, Ereignisse zu generieren, um so mitteilen zu können, dass die durchgeführten Arbeiten abgeschlossen sind.

Abbildspeicher für Prozesssignale

Das Anwenderprogramm muss auf physikalische Größen des technologischen Prozesses zugreifen können. Nachstehend wird gezeigt, wie dieser Zugriff unter Berücksichtigung der obigen Voraussetzungen realisiert werden kann. Es wird vorausgesetzt, dass ein Task zeitzyklisch gerufen wird. An diesen Task können ein oder mehrere (Anwender-) Programme gekoppelt sein.

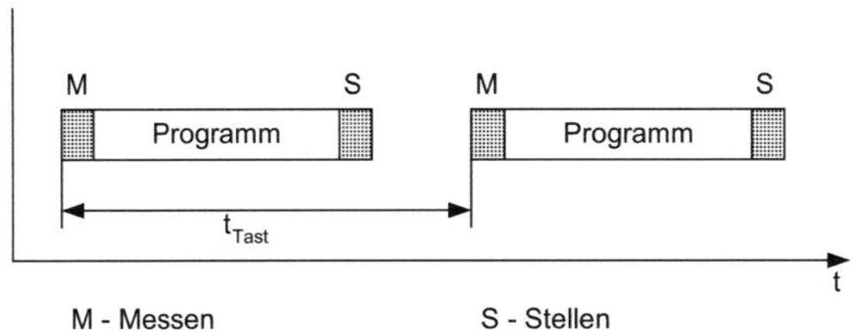

Abb. 7.3   Zeitzyklische Abarbeitung eines Programms

Variante 1 (Abb. 7.3)

Es wird davon ausgegangen, dass innerhalb des μ-Rechnersystems nur ein Anwenderprogramm abgearbeitet werden soll. Die Programmabarbeitung kann in drei Abschnitte unterteilt werden: Messen, Regeln und Stellen. Die Abschnitte Messen und Stellen können direkt auf die Hardware zugreifen, da es keine weiteren Bewerber (Programme) gibt. Dieser Fall ist trivial und nicht Gegenstand der Diskussion.

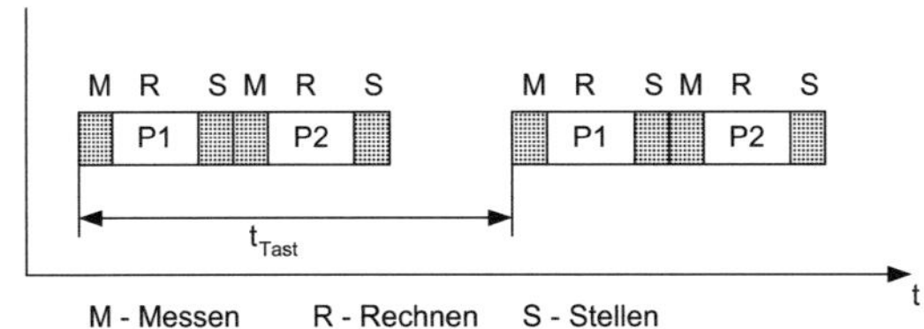

Abb. 7.4   Zeitzyklische Abarbeitung mehrerer Programme

Variante 2

Durch einen Task werden mehrere Anwenderprogramme zeitzyklisch gestartet (Abbildung 7.4). Benutzen die Programme voneinander unabhängige E/A-Variablen auf einer separaten Hardware, so handelt es sich um eine modifizierte **Variante 1**. Benutzen beide Programme gleiche Eingangsgrößen, so können sowohl beim Messen als auch beim Stellen Probleme auftreten:

- **Messen** - Während Programm P1 die Rechnung ausführt, ändert sich der Zustand der Prozessvariablen. Programm P2 beginnt mit dem Messen, nachdem Programm P1 die Stellwerte ausgegeben hat. Programm P2 erhält ein anderes Prozessabbild als P1. Basieren die in P1 und P2 verwendeten Algorithmen auf einem gemeinsamen Prozessabbild, so kommt es zum Fehler.

- **Stellen** - Programm P1 und P2 geben verschiedene Stellwerte auf ein und dieselbe Variable[16] aus. Es kommt zu hazard-ähnlichen Erscheinungen, ein Ventil, z.B., führt unnötige Stellbewegungen aus.

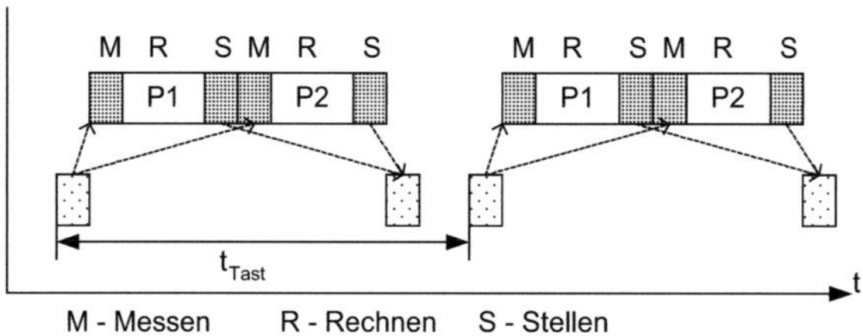

Abb. 7.5   Benutzung eines Abbildspeichers

Die Probleme lassen sich durch Einführung eines Abbildspeichers[17] beseitigen (Abb. 7.5). Bei der Benutzung eines Abbildspeichers muss aber beachtet werden, dass sich die Rechenzeiten der einzelnen Programme summieren.

Variante 3

In dem zu betrachtenden SPS-System werden mehrere Tasks mit unterschiedlichen Tastzeiten integriert. Den Tasks können ein oder mehrere Programme zugeordnet sein. Da die Tasks mit den ihnen zugeordneten Programmen als für sich abgeschlossene Einheiten

---

[16]Eine derartige Verknüpfung von Ausgängen (Parallelschaltung) sollte immer vermieden werden.

[17]Das dunklere Kästchen symbolisiert zum einen den Abbildspeicher und zum anderen die Verbindungsfunktion zur Hardware; M und S greifen nicht mehr direkt auf die Hardware zu.

fungieren sollen, müssen Messwerterfassung und Stellwertausgabe den Tasks zugeordnet werden. In Abbildung 7.6 ist zusätzlich noch eine Optimierungsmöglichkeit dargestellt. Liegen die Informationen im Abbildspeicher vor und ist deren Aktualität hinreichend, so können die Daten des Abbildspeichers verwendet werden.

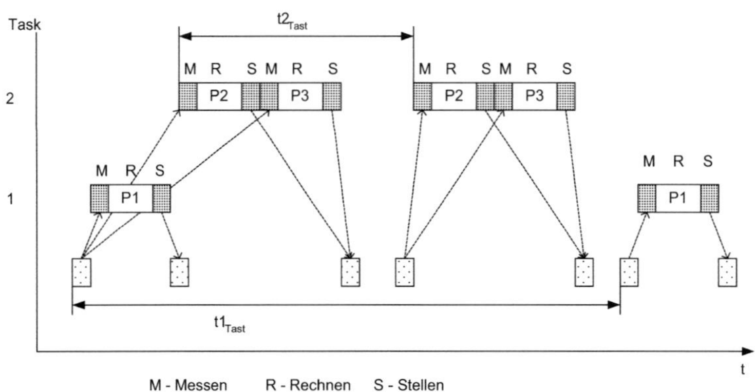

Abb. 7.6   Zeitoptimierter Zugriff auf den Abbildspeicher

Wie aus den Beispielen deutlich hervorgeht, bewirkt jeder Taskstart eine Aktualisierung des Abbildspeichers. Das Betriebssystem oder besser der entsprechende Hardware-Treiber übernimmt diese Funktion. Am Ende jedes Tasks, wenn alle Programme ihre Prozessausgaben getätigt haben, wird der Abbildspeicher durch den Hardware-Treiber an die Hardware übertragen.

Je mehr Freiheiten dem Anwender bei der Gestaltung seiner Programme zugestanden werden, desto mehr Überprüfungen müssen durch das Betriebssystem vorgenommen werden. Um das Betriebssystem weitestgehend zu entlasten, muss versucht werden, einen Teil der Funktionalität auf die verwendete Hardware zu übertragen. Dazu gehört vor allem der Einsatz intelligenter Prozesskoppelmodule, die den Hauptprozessor möglichst wenig belasten. Zudem sollten diese Prozesskoppelmodule die Fähigkeit besitzen, Ereignisse zu generieren, um den Hauptprozessor nicht durch eine ständige Abfrage der Prozessperipherie zu belasten.

Laufzeitüberprüfungen

Unabhängig von der Architektur der Treiber oder Handler besteht die Gefahr, dass der Anwender die gewonnene Freiheit bei der Programmierung derart nutzt, dass der gewählte Algorithmus zwar in der gegebenen Tastzeit berechenbar ist, aber Informationsgewinnung und Prozesseinwirkung nicht mehr quasi gleichzeitig erfolgen. Um dieser Fehlerquelle entgegenzuwirken, ist es sinnvoll, die benötigte Rechenzeit des Anwenderprogramms zu ermitteln und sie dem Anwender auf Fachsprachenniveau zur Verfügung zu stellen. Die durch den Autor vorgeschlagene Lösung basiert ähnlich wie die Behandlung von Ausnahmesituationen auf der Benutzung globaler Systemvariablen. Jeder Task besitzt ein implizites Attribut, das angibt, wie viel Rechenzeit[18] bei der letzten Bearbeitung benötigt wurde. Der Anwender kann anhand dieser Angabe entscheiden, inwieweit das verwendete Modell noch der Realität entspricht.

Zusammenfassung

Die in diesem Kapitel angeführten Gedanken sollen dem Leser einen kleinen Einblick über die Komplexität der Problematik vermitteln. Es wurde bewusst auf die Erklärung spezieller Begriffe verzichtet, da die konkrete Umsetzung einer Raketensteuerung eine komplexe Automatisierungsaufgabe darstellt, die ein gewisses Mindestmaß an Kenntnissen der Prozessrechentechnik voraussetzt. Diese Kenntnisse kann sich der Leser nur mit weiterführender Literatur erarbeiten, wobei dann auch die verwendeten Begriffe geklärt werden.

---

[18]Als Rechenzeit wird hier die Zeit zwischen Informationsgewinnung und -nutzung angesetzt, da der jeweilige Anwendertask durch Systemtasks unterbrechbar ist.

Die Realisierung einer umfangreichen Aufgabe, wie die der Lageregelung einer Rakete, ist wahrscheinlich nur in einer Gruppe Gleichgesinnter effektiv und erfolgreich möglich. Der Autor hofft, dazu eine kleine Hilfestellung gegeben zu haben. Fragen wird er gerne beantworten.

8   Literatur

Allen   Allen, J.E.: Aerodynamik – Eine allgemeine moderne Darstellung, Hans Reich Verlag; München, 1970

AroNad   Aronin, G.S.; Nadjoshin, F.B.: Praktische Aerodynamik, Verlag des Ministerium der Nationalen Verteidigung; 1960

AsLan   H. Ashley, M. Landahl: Aerodynamics of Wings and Bodies, DoverPublication, 1985

Bar66   Barrowman, J.S and J.A.: The Theoretical Prediction of the Center of Pressure; NARAM-8 1966

Bar67   Barrowman, J.S.: The Practical Calculation of the Aerodynamic Characteristics of Slender Finned Vehicles; Dissertation, School of Engineering and Architecture of the Catholic University of America, 1967

Bar73   Barrowman, J.S.: A Letter to The Technical Editor; Model Rocketeer, 1973

BroSe   Bronstein, Semendjajew: Taschenbuch der Mathematik, BSB B. G. Teubner, 1977

Bur84   Burmeister, H.L.: Theorie der automatischen Steuerung – Lehrbriefe , TU Dresden; 1984

DLR   Klevanski, Herbertz, Kauffmann, ...: Aspekte der Stabilität und Steuerbarkeit in der Flug- und Separationsphase unsymmetrischer Trägerkonfigurationen, (SART) DLR, Köln

ECE   Design and Construction of a Computer-Guided Rocket, ECE Department, Drexel University, Philadelphia

GaCro   Gary A. Crowell Sr.: The Descriptive Geometry of Nose Cones; 1996

Galejs   Galejs, R.: Wind Stability-What Barrowman Left Out;

IMAR   v. Hinüber, E.: Inertiale Messtechnik in industriellen Anwendungen; Skrit zum CCG-Kurs, St. Ingbert, 2001

LaBudde1	LaBudde, E.V.: Extending The Barrowman Method For Large Angles Of Attack, Research and Development Project, NARCON March 1999
LaBudde2	LaBudde, E.V.: A Design Procedure for Maximizing Altitude Performance, Research and Development Project, NARAM August 1999
LuWe	Lutz; Wendt: Taschenbuch der Regelungstechnik, Verlag Harri Deutsch, 2000
ManBen	Mandell, Caporaso, Bengen: Topics in Advanced Model Rocketry, The MIT Press, 1973
MesFas	Messerschmid, E.; Fasoulas, S.: Raumfahrtsysteme, Springer, 2004
MOSI	IEEE Std 855: IEEE Trial-Use Standard Specification for Microprocessor Operating Systems Interfaces.
NACA1307	Pitts, W.C.; Nielsen, J.N.; Kaattari, G.E.: Lift And Center of Pressure of Wing-Body-Tail Combinations at Subsonic, Transonic and Supersonic Speeds; NACA Report 1307, 1957
NACA835	Jones, R.T.: Properties of Low-Aspect-Ratio Pointed Wings at Speeds below and above the Speed of Sound; NACA Report 835, 1946
Oppelt	Oppelt, Winfried: Kleines Handbuch Technischer Regelvorgänge; Verlag Chemie 1960
Stine	Stine, G. H.; Stine B., Handbook of Model Rocketry, John Wiley & Sons, April 2004
TR30	Barrowman, J.: Technical Information Report 30 - Stability of a Model Rocket in flight; Centuri Engineering Company, 1970
TR33	Barrowman, J.: Technical Information Report 33 - Calculating the Center of Pressure of a Rocket; Centuri Engineering Company, 1970
TechRep3	IEC 1131: Draft Technical Report - Type 3: Application and Implementation of IEC 1131-3. IEC, TC65, SC65B, November 1993.
TRU	Truöl, Chr.: Ein Beitrag zur Gestaltung eines modernen Betriebssystems für Speicherprogrammierbare Steuerungen aus der Sicht der

Automatisierungstechnik und der Informatik; Dissertation, TU Dresden, 1998

Anhang

A) *Brennschlussgeschwindigkeit nach Fehskens-Malewicki*

Masse [kg] 0,5   F [N] 40

cw	0,3			0,6			0,9		
d0 [mm]	40	60	80	40	60	80	40	60	80
tb [s]									
1	69	69	67	69	67	65	68	65	62
1,5	103	100	96	100	95	89	98	91	82
2	135	128	120	129	118	106	125	110	95
2,5	164	153	140	155	136	118	147	124	103
3	192	174	154	177	150	125	165	133	107
3,5	217	192	166	196	160	130	179	139	110
4	240	206	174	212	167	133	191	143	111

Masse [kg] 0,75   F [N] 80

cw	0,3			0,6			0,9		
d0 [mm]	40	60	80	40	60	80	40	60	80
tb [s]									
1	96	95	93	95	93	90	94	91	87
1,5	142	138	134	139	132	124	136	127	116
2	186	178	168	180	165	149	173	154	135
2,5	228	213	196	216	191	166	205	174	146
3	267	243	218	248	211	178	231	188	153
3,5	303	269	234	275	226	185	253	198	157
4	335	290	247	298	237	190	269	204	159

Masse [kg] 1   F [N] 120

cw	0,3			0,6			0,9		
d0 [mm]	40	60	80	40	60	80	40	60	80
tb [s]									
1	109	108	107	108	106	103	107	104	100
1,5	162	159	154	159	152	144	156	147	135
2	213	205	195	206	192	175	200	181	160
2,5	262	247	229	249	224	198	239	206	176
3	307	283	256	288	250	213	271	225	185
3,5	350	315	278	321	270	224	298	238	191
4	389	342	295	350	285	231	320	247	194

Masse [kg] 1,5   F [N] 360

cw	0,3			0,6			0,9		
d0 [mm]	60	80	100	60	80	100	60	80	100
tb [s]									
1	224	220	215	219	211	201	213	202	190
1,5	326	313	297	309	287	263	294	265	237
2	417	389	360	382	340	300	354	304	261
2,5	495	449	404	438	375	321	395	326	272
3	562	495	434	480	398	333	423	339	278

B) *Auftriebs- und Widerstandsbeiwerte für Flügel mit Klappe*

Anströmung[°]	Klappe[°]	c_A				c_W			
		Re=100000	Re=900000	Re=1700000	Re=2500000	Re=100000	Re=900000	Re=1700000	Re=2500000
0	0	0,000	0,000	0,000	0,000	0,008	0,003	0,002	0,002
0	2	0,053	0,053	0,053	0,053	0,007	0,003	0,002	0,002
0	4	0,096	0,096	0,096	0,096	0,009	0,005	0,004	0,004
0	6	0,146	0,146	0,146	0,146	0,004	0,005	0,004	0,004
0	8	0,197	0,197	0,197	0,197	0,006	0,002	0,002	0,002
0	10	0,269	0,269	0,269	0,269	0,011	0,003	0,002	0,002
1	0	0,044	0,044	0,044	0,044	0,009	0,004	0,004	0,003
1	2	0,078	0,096	0,096	0,096	0,029	0,005	0,004	0,004
1	4	0,109	0,110	0,135	0,135	0,030	0,027	0,004	0,004
1	6	0,150	0,150	0,151	0,185	0,033	0,028	0,027	0,004
1	8	0,191	0,191	0,191	0,192	0,039	0,028	0,027	0,026
1	10	0,252	0,252	0,252	0,252	0,049	0,028	0,027	0,027
2	0	0,071	0,071	0,088	0,088	0,031	0,027	0,004	0,004
2	2	0,113	0,114	0,114	0,114	0,033	0,028	0,028	0,027
2	4	0,142	0,142	0,142	0,142	0,037	0,029	0,028	0,027
2	6	0,184	0,184	0,184	0,185	0,045	0,029	0,028	0,028
2	8	0,225	0,225	0,226	0,226	0,066	0,030	0,029	0,029
2	10	0,288	0,288	0,289	0,289	0,040	0,031	0,030	0,029

3	0	0,107	0,107	0,107	0,107	0,036	0,031	0,029	0,029
3	2	0,149	0,149	0,150	0,150	0,042	0,030	0,030	0,029
3	4	0,175	0,175	0,175	0,176	0,052	0,031	0,030	0,029
3	6	0,218	0,218	0,218	0,218	0,074	0,032	0,031	0,030
3	8	0,260	0,260	0,260	0,260	0,043	0,033	0,032	0,031
3	10	0,314	0,314	0,314	0,314	0,046	0,034	0,032	0,032
4	0	0,143	0,143	0,143	0,144	0,049	0,033	0,032	0,031
4	2	0,185	0,185	0,186	0,186	0,070	0,034	0,033	0,032
4	4	0,209	0,209	0,209	0,209	0,044	0,035	0,033	0,033
4	6	0,253	0,253	0,253	0,253	0,047	0,036	0,034	0,033
4	8	0,269	0,269	0,269	0,269	0,050	0,037	0,035	0,034
4	10	0,231	0,231	0,231	0,231	0,055	0,039	0,036	0,034
5	0	0,179	0,179	0,179	0,179	0,046	0,037	0,036	0,035
5	2	0,222	0,222	0,222	0,222	0,048	0,038	0,036	0,036
5	4	0,243	0,243	0,243	0,243	0,052	0,039	0,037	0,037
5	6	0,228	0,228	0,228	0,228	0,056	0,041	0,039	0,038
5	8	0,197	0,197	0,197	0,197	0,061	0,042	0,040	0,036
5	10	0,167	0,167	0,167	0,168	0,069	0,045	0,042	0,037

C) *Hurwitz-Kriterium*

Das Polynom der Übertragungsfunktion bestimmt die Dimension der Hurwitz - Determinante.

Beispiel 1:

Für das Beispiel $G(p) = a_3 p^3 + a_2 p^2 + a_1 p + a_0$ ergibt sich mit n=3:

$$H = \begin{vmatrix} a_{n-1} & a_{n-3} & a_{n-5} \\ a_n & a_{n-2} & a_{n-4} \\ 0 & a_{n-1} & a_{n-3} \end{vmatrix} = \begin{vmatrix} a_2 & a_0 & 0 \\ a_3 & a_1 & 0 \\ 0 & a_2 & a_0 \end{vmatrix}$$

Unbekannte Koeffizienten werden 0 gesetzt.

$$H_1 = \left| a_2 \right| = a_2$$

$$H_2 = \begin{vmatrix} a_2 & a_0 \\ a_3 & a_1 \end{vmatrix} = a_2 a_1 - a_3 a_0$$

$$H_3 = \begin{vmatrix} a_2 & a_0 & 0 \\ a_3 & a_1 & 0 \\ 0 & a_2 & a_0 \end{vmatrix} = a_0 \left(a_2 a_1 - a_3 a_0 \right) = a_0 H_2$$

Beispiel 2:

Für das Beispiel $G(p) = a_4 p^4 + a_3 p^3 + a_2 p^2 + a_1 p + a_0$ ergibt sich mit n=4:

$$H = \begin{vmatrix} a_{n-1} & a_{n-3} & a_{n-5} & a_{n-7} \\ a_n & a_{n-2} & a_{n-4} & a_{n-6} \\ 0 & a_{n-1} & a_{n-3} & a_{n-5} \\ 0 & a_{n-0} & a_{n-2} & a_{n-4} \end{vmatrix} = \begin{vmatrix} a_3 & a_1 & 0 & 0 \\ a_4 & a_2 & a_0 & 0 \\ 0 & a_1 & a_1 & 0 \\ 0 & a_0 & a_2 & a_0 \end{vmatrix}$$

Unbekannte Koeffizienten werden 0 gesetzt.

$$H_1 = \left| a_3 \right| = a_3$$

$$H_2 = \begin{vmatrix} a_3 & a_1 \\ a_4 & a_2 \end{vmatrix} = a_3 a_2 - a_4 a_1$$

$$H_3 = \begin{vmatrix} a_3 & a_1 & 0 \\ a_4 & a_2 & a_0 \\ 0 & a_1 & a_1 \end{vmatrix} = a_3 \begin{vmatrix} a_2 & a_0 \\ a_1 & a_1 \end{vmatrix} - a_4 \begin{vmatrix} a_1 & 0 \\ a_1 & a_1 \end{vmatrix} =$$

$$a_3 a_2 a_1 - a_4 a_1 a_1 - a_3 a_1 a_0 = a_1 \left(H_2 - a_3 a_0 \right)$$

$$H_4 = a_0 \begin{vmatrix} a_3 & a_1 & 0 \\ a_4 & a_2 & a_0 \\ 0 & a_1 & a_1 \end{vmatrix} = a_0 H_3$$

Damit ein Übertragungsglied stabil ist, müssen alle Determinanten größer als 0 sein: $H_i > 0$.

D) Berechnungsbeispiel für die statische Stabilität einer Rakete

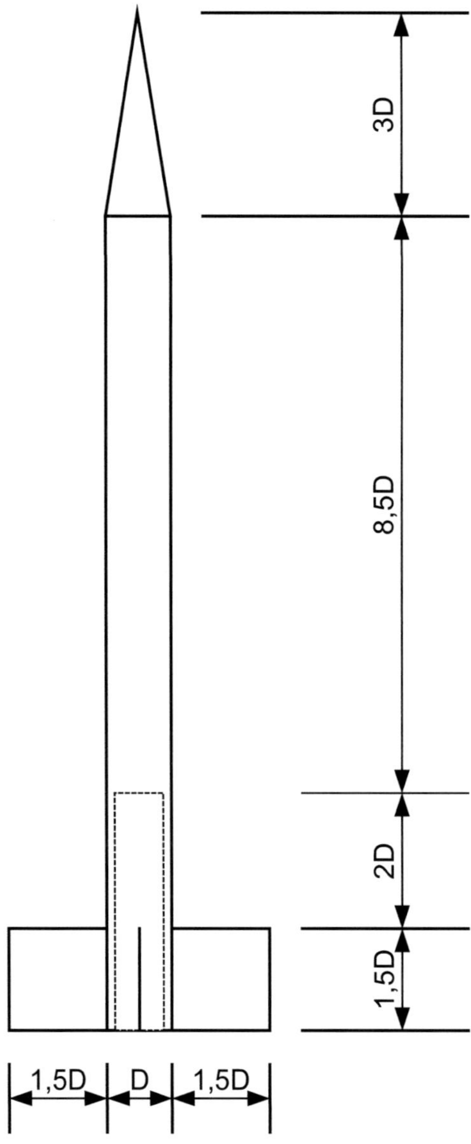

Element	Anzahl	Masse	x_{SP} [D]	Barrowman		Schattenriss	
				C_N	x_{DP} [D]	A [D²]	x_{DP} [D]
Spitze	1	10	1	2	1	1,5	1
Rohr	1	30	6			12	6
Motor	1	20	1,75				
Flügel	4	1,25	0,75	11,2	0,625	2,25	0,75

Abstand des Schwerpunkts der Spitze von der Basis aus gemessen.

Druckpunktberechnung

Element	Barrowman			Schattenriss		
	C_N	x_{DP} [D]		A [D²]	x_{DP} [D]	
Spitze	2	2	4	1,5	2	3
Rohr				12,0	3+6	108
2 Flügel	2*9,34	13,5+0,625	263	2*2,25	13,5+0,75	64
Gesamt	20,68		267	18,0		175
X_{DP}		$\approx \dfrac{267}{21}$ $\approx 12,7$			$\approx \dfrac{175}{18}$ $\approx 9,7$	

Barrowman:

Entsprechend Tabelle 3.3 gilt für einen Flügel nach Vereinfachung:

$$x_{DP} = \frac{1}{6}\left(2c + \frac{c}{2}\right) = \frac{5}{12}c = \frac{5}{12}\frac{3}{2}D = 0{,}625D$$

$$C_N = \left(1 + \frac{\dfrac{D}{2}}{1,5D + \dfrac{D}{2}}\right)\frac{8\left(\dfrac{1,5D}{D}\right)^2}{1+\sqrt{2}} = \left(1 + \frac{1}{4}\right)\frac{8(1,5)^2}{1+\sqrt{2}} = 1,25\frac{8*2,25}{2,41} \approx 9,34$$

Schwerpunktberechnung

Element	Masse	x_{SP} [D]	
Spitze	10	2	20
Rohr	30	3+6	270
Motor	20	11,5+1,75	265
4 Flügel	4*1,25	13,5+0,75	71
Gesamt	65		
X_{SP}		$\approx \dfrac{626}{65}$ $\approx 9,6$	

Kaliberstabilität:

$$CAL_{Barrowman} = \approx \frac{12,7D - 9,6D}{D} = 3,1$$

$$CAL_{Schattenriss} = \approx \frac{9,7D - 9,6D}{D} = 0,1$$

Die Berechnung nach Barrowman zeigt an, dass das Gewicht der Spitze reduziert oder die Flossenfläche verkleinert werden sollte. Die Berechnung nach dem Schattenriss verlangt aber gerade das Gegenteil. Eine Verdopplung des Gewichts der Spitze bringt den

Schwerpunkt zu $\approx \dfrac{646}{75} \approx 8,6D$. Damit wäre die Rakete stabil :

$$CAL_{Schattenriss} =\approx \frac{9,7D - 8,6D}{D} = 1,1 \ .$$

E) *Elliptische Flosse*

Ausgangspunkt ist die in [Bar66] angegebene Gleichung (50):

$$C_{N\alpha} = \frac{N\pi\,\Re\,\dfrac{A_F}{\dfrac{\pi}{4}d^2}}{2+\sqrt{4+\left(\dfrac{\Re}{\cos(\sigma)}\right)^2}}\;.$$

Als Flügelfläche wurde durch den Autor die halbe Flächeninhalt der Ellipse angenommen

$A_F = \dfrac{\pi}{2}S\dfrac{c_r}{2}$. Zu beachten ist, dass zur Bestimmung des Flächeninhalts jeweils nur die

Länge die Halbachsen von Interesse ist.

Die Flügelfeilung beträgt $\sigma = 0°$, so dass sich folgende Formel ergibt:

$$C_{N\alpha} = \frac{8N\left(\dfrac{S}{d}\right)^2}{2+\sqrt{4+(\Re)^2}} \qquad \text{mit} \qquad \Re = \frac{2S^2}{A_F} = \frac{2S^2}{\dfrac{c_r S}{4}\pi} = \frac{8S}{\pi c_r}$$

$$C_{N\alpha} = \frac{8N\left(\dfrac{S}{d}\right)^2}{2+\sqrt{4+\left(\dfrac{8S}{\pi c_r}\right)^2}} = \frac{8N\left(\dfrac{S}{d}\right)^2}{2+\sqrt{4+\dfrac{64}{\pi^2}\left(\dfrac{S}{c_r}\right)^2}} = \frac{4N\left(\dfrac{S}{d}\right)^2}{1+\sqrt{1+\dfrac{16}{\pi^2}\left(\dfrac{S}{c_r}\right)^2}} = \frac{4N\left(\dfrac{S}{d}\right)^2}{1+\sqrt{1+1{,}62\left(\dfrac{S}{c_r}\right)^2}}$$

Mit Gleichung (60) wird die mittlere Flügeltiefe bestimmt:

$$C_{MA} = \frac{1}{A_F}\int_0^S c^2\,dy \qquad \text{mit} \qquad c = c_r\sqrt{1-\frac{y^2}{S^2}}$$

$$C_{MA} = \frac{4}{\pi S c_r} \int_0^S \left(c_r \sqrt{1 - \frac{y^2}{S^2}} \right)^2 dy = \frac{4 c_r}{\pi S} \int_0^S 1 - \frac{y^2}{S^2} dy = \frac{8 c_r}{3\pi}$$

Mit der Flügelfeilung von $\sigma = 0°$ ergibt sich für den Druckpunkt (entsprechend Gleichung 75):

$$X = d + \frac{1}{4} C_{MA} = \frac{(c_r - C_{MA})}{2} + \frac{1}{4} C_{MA} = \frac{(c_r - \frac{8 c_r}{3\pi})}{2} + \frac{2 c_r}{3\pi} = \frac{3\pi - 4}{6\pi} c_r \approx 0{,}288 c_r$$

F) *Simulationsergebnisse für eine Modellrakete*

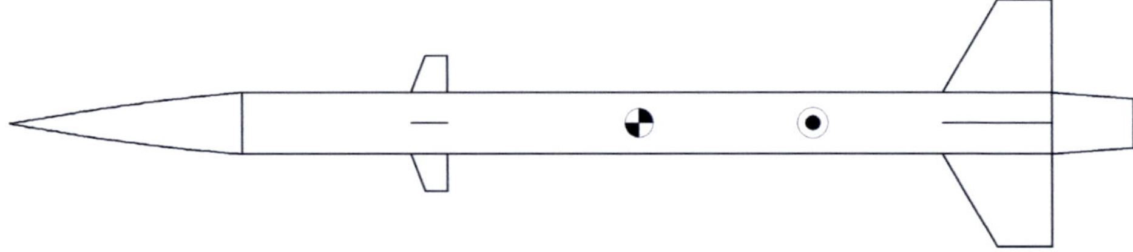

Druckpunkt liegt hinter dem Schwerpunkt. Startwinkel 30° von der Senkrechten

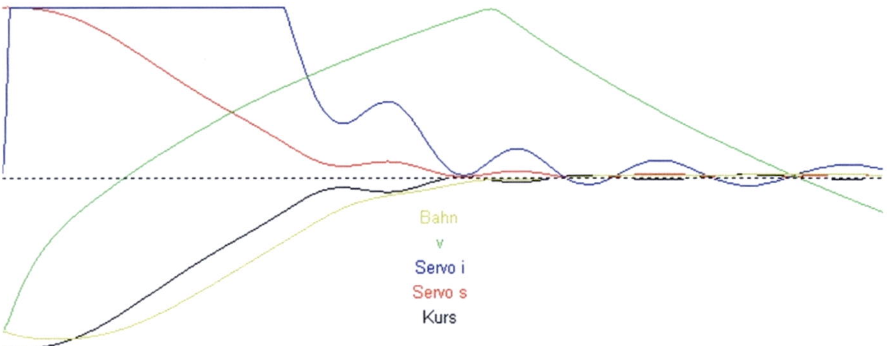

Die maximale Anströmung wird bei maximalem Flossenausschlag weit überschritten, so dass eine Begrenzung des Flossenausschlags vorgenommen wurde.

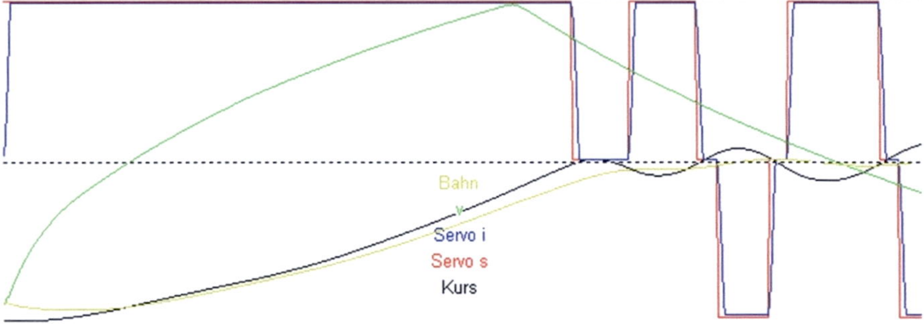

Beim Einsatz eines Dreipunktgliedes ist eine größere Schwingungsbewegung vorhanden.

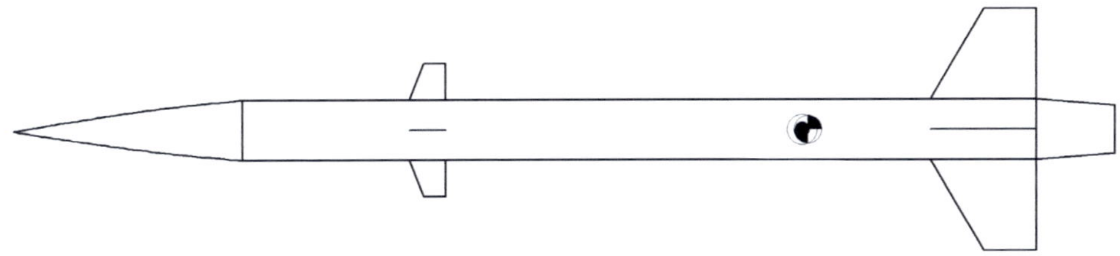

Liegen Druckpunkt und Schwerpunkt nahe beieinander, dann sieht man deutlich, dass die Rakete um den Kurs pendelt.

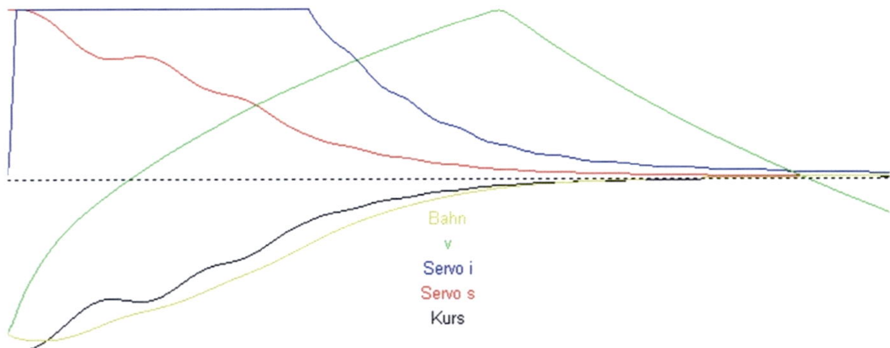

Auch beim Dreipunktglied ist der Effekt erkennbar..

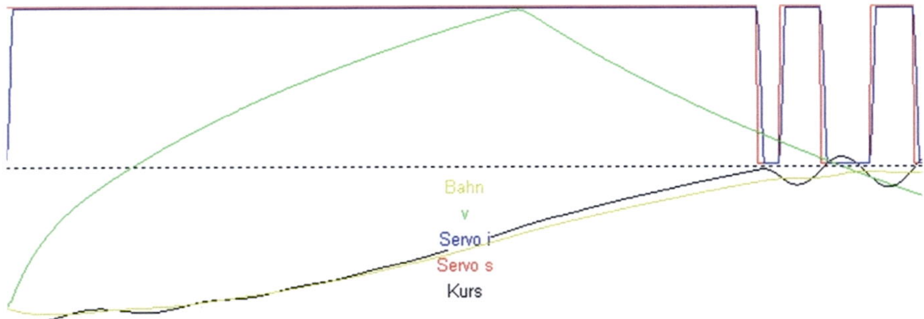

Am Ende der Bewegung ist wieder eine starke Schwingneigung vorhanden.

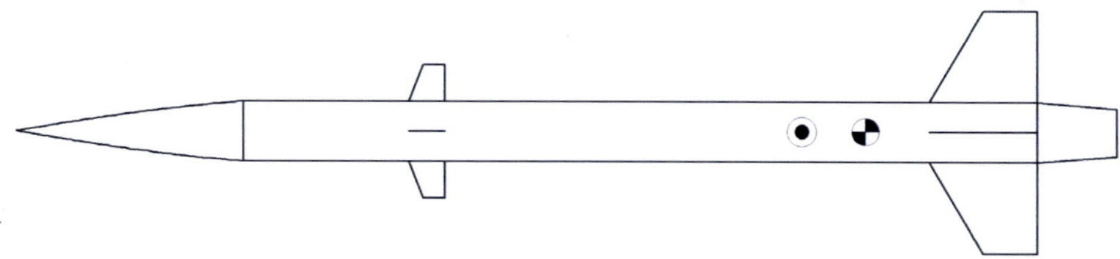

Der Flug einer statisch instabilen Rakete sollte möglich sein, wie die folgenden Bilder zeigen.

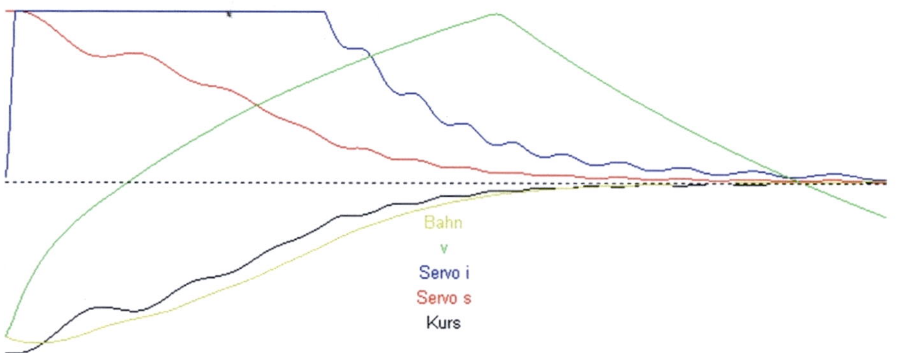

Wird ein Dreipunktglied eingesetzt, so ist eine Anpassung der maximalen Flossenanstellung in Abhängigkeit von der Geschwindigkeit sinnvoll.

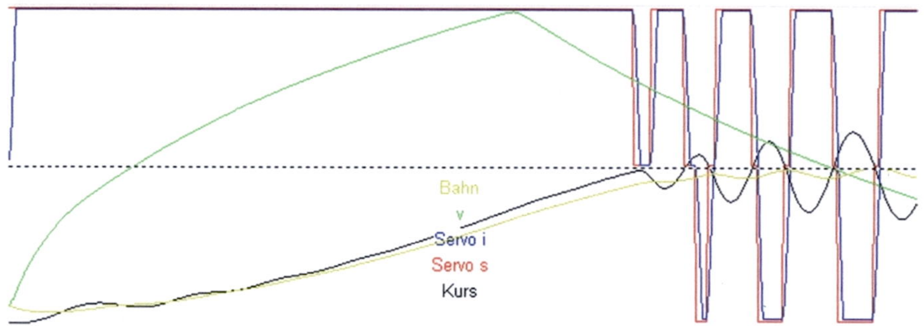